AF403650

L. HERBIN

PROFESSEUR DE SCIENCE HIPPIQUE ET D'ADMINISTRATION

A L'ÉCOLE DES HARAS DU PIN

ÉTUDES HIPPIQUES

GUIDE DES APPAREILLEMENTS

DANS LES

DIFFÉRENTS MODES DE REPRODUCTION

AMÉLIORATION GÉNÉRALE. — CRÉATION DE SPÉCIALITÉS D'APTITUDES
OU FAMILLES A CARACTÈRES FIXES.

PARIS

A. QUANTIN, IMPRIMEUR

7, RUE SAINT-BENOIT

1879

ÉTUDES HIPPIQUES

A. Quantin imprimeur
7, rue S.-Benoit, 7, à Paris

L. HERBIN

PROFESSEUR DE SCIENCE HIPPIQUE ET D'ADMINISTRATION

A L'ÉCOLE DES HARAS DU PIN

ÉTUDES HIPPIQUES

GUIDE DES APPAREILLEMENTS

DANS LES

DIFFÉRENTS MODES DE REPRODUCTION

AMÉLIORATION GÉNÉRALE. — CRÉATION DE SPÉCIALITÉS D'APTITUDES
OU FAMILLES A CARACTÈRES FIXES.

PARIS

A. QUANTIN, IMPRIMEUR

7, RUE SAINT-BENOIT

1879

SOMMAIRES DES CHAPITRES

PREMIÈRE PARTIE

ÉTUDE DU CHEVAL PAR LES ENSEMBLES[1].

CHAPITRE PREMIER.

Nécessité de connaître les lois de l'harmonie et les lois génératrices de la vitesse dans le cheval avant de s'occuper de reproduction et d'amélioration chevaline. — Mais quelles sont ces lois? — Existe-t-il des règles ou des proportions qui les font connaître? — Méthode de Bourgelat; — réfutation de M. Lecoq; — de M. Richard; — que propose ce dernier? les proportions arabes. — Opinion de M. de Curnieu : on naît homme de cheval, on ne le devient pas. — Idées neuves du général Morris sur les proportions d'ensemble; — il revient néanmoins au cheval carré de Bourgelat. — Notre méthode pour arriver à la connaissance des lois de l'harmonie et des lois génératrices de la vitesse dans le cheval.

CHAPITRE DEUXIÈME.

De la longueur de la charpente osseuse examinée sous trois aspects : 1° longueur par rapport à la hauteur du corps; — 2° longueur du corps et de la hanche comparée à la longueur de l'épaule; 3° longueur totale; défectuosités que peut présenter la longueur sous ces trois aspects; — compensations.

---

1. Cette étude fait suite à la première partie du cours de science hippique, *la géographie hippique du monde*, et est une des divisions de la 2ᵉ partie qui comprend : la science des haras; — méthodes proposées pour l'amélioration des races; le pur sang; le Stud-book; — les courses; — de l'acclimatation; — de la dégénération; — des différents modes de reproduction; des appareillements; — de l'élevage des races pures et des races usuelles; quelques mots sur l'entraînement du cheval de pur sang et du cheval trotteur. La 3ᵉ partie traite : de la France chevaline; — géographie, économie hippique. La 4ᵉ partie analyse les auteurs qui ont écrit sur la science hippique : Bourgelat, Delafont Poulotti, baron de Bohan, Préseau de Dompierre, marquis de Royères, Huzard, de Dombasle, de Montendre, Gayot, Houël, etc., auteurs sur l'autorité desquels nous nous appuyons principalement.

CHAPITRE TROISIÈME.

De la hauteur examinée : 1° de la saillie du garrot à terre; 2° sous le rapport de la distance de la poitrine à terre; 3° sous le rapport de l'harmonie entre l'avant-main et l'arrière-main.

CHAPITRE QUATRIÈME.

De l'ampleur; corps et membres : divers aspects de l'ampleur : dans le cheval de selle, dans le carrossier, dans le cheval de trait. — Du manque d'ampleur dans l'arrière-main; compensations. — Du manque d'ampleur dans l'avant-main; compensations. — Des membres dans leur ensemble; de l'avant-bras, du mode d'action des rayons articulaires supérieurs relativement aux inférieurs.

CHAPITRE CINQUIÈME.

De la longueur et de la direction des rayons articulaires. — Notre point de départ, comme précédemment à la théorie du général Morris. — Rôle de la longueur et de la direction des rayons. — L'effort d'impulsion produit sur l'horizontale est le plus favorable à la vitesse; il est en partie perdu pour la vitesse s'il se fait sur un plan incliné. — Rôle de l'épaule inclinée à 45° sur la verticale; inclinée à 30° à 25°. — Compensations. — Exemples de la direction que peut suivre la force d'impulsion suivant l'inclinaison des rayons articulaires supérieurs.

Rayons articulaires examinés sous le rapport de la longueur : rôle de la longueur dans les rayons articulaires; *la longueur de l'épaule terme de comparaison* pour. les harmonies d'ensemble; mesures fournies par l'épaule; — définition de l'épaule longue, suffisante, courte. — Exemples. — Compensations à l'épaule courte; lorsque les proportions d'ensemble ne sont pas exactement mesurées par l'épaule (au moins suffisante), elles doivent y être ramenées par les compensations. — Longueur de l'épaule et du bras comparée à celle du reste du membre. — Rôle des rayons supérieurs et des rayons inférieurs. — Mais, quoi qu'il en soit, la plus heureuse conformation ne peut donner que la vitesse possible suivant l'origine.

CHAPITRE SIXIÈME.

Application des études précédentes; — exemples pris sur divers modèles, chevaux de galop, trotteurs; — modèles de vitesse; — exemples de chevaux qui, quoique de bonne origine, ne pouvaient être vites. Résumé : *la vitesse résulte de l'harmonie des ensembles appréciés d'après nos termes de comparaison, ou de l'équivalent apporté par les compensations que nous avons indiquées.*

CHAPITRE SEPTIÈME.

Application des études précédentes : 1° par l'acheteur ou le commissaire des primes; classement des chevaux; cheval de selle, — à deux fins, — carrossier, — trait, — de l'étalon, de la poulinière dans chacune de ces divisions.

Dans l'achat, se bien pénétrer du but pour lequel on achète; — dans les primes, se bien pénétrer du but à poursuivre. — Examen du cheval à l'écurie; — examen analytique du cheval placé; — examen des ensembles. — Résumé. — Le cheval en mouvement;

l'essai : — modèles d'examen de quelques chevaux et poulinières, types réguliers et irréguliers. — Résumé de la méthode. — Construction de lignes d'après l'épaule prise pour terme de proportion dans un cheval à grands moyens.

DEUXIÈME PARTIE

DES APPAREILLEMENTS

CHAPITRE PREMIER.

Application des études précédentes aux appareillements dans la sélection : races pures, races usuelles ; aux appareillements dans les croisements. — Axiomes. — Des différents modes de reproduction. — De la sélection ; — définition. — Étude de la sélection dans les races pures ; — 2 méthodes. — Étude sur la consanguinité ; — la race anglaise se reproduit par la consanguinité plus ou moins rapprochée ; — preuve par l'étude des courants de sang célèbres ; — règles généralement suivies par les éleveurs dans la reproduction des races pures ; règles que l'on devrait suivre. — *L'étude de la convenance des conformations est du plus haut intérêt, aussi bien pour les races pures que pour les races usuelles.* — But que l'éleveur doit se proposer en étudiant les bases d'un bon appareillement, obtenir à la fin la bonne poulinière. — Ce que doit être la bonne poulinière. — Il faut cependant utiliser comme point de départ les éléments plus ou moins riches dont on dispose. — Au point de vue de la conformation seule, le principe de la vitesse peut, grâce aux compensations, se présenter sous divers aspects ; 1er, 2e, 3e, 4°, 5°, 6e modèle ; — néanmoins toute poulinière doit réunir des conditions essentielles comme origine et conformation. — Méthode que l'éleveur emploiera pour les appareillements : 1° étude sur l'origine et les performances ; 2° examen sous le rapport des ensembles.

Premier exemple : choix de l'étalon ; principe : chercher à fixer dans le produit les beautés de la jument, ne corriger qu'un défaut important à la fois. — Recherche de l'étalon convenable pour la poulinière prise comme premier exemple.

Deuxième exemple : choix de l'étalon ; — principe au sujet de la taille. — Choix de l'étalon pour la poulinière prise comme second exemple. — Un premier appareillement n'est qu'un point de départ, le but doit être poursuivi avec suite et sur un plan arrêté ; — si l'on n'y prend garde, on peut arriver en procédant des familles les plus vites à produire les plus médiocres sujets. — Exemples. — *Il est donc bien important de connaître les lois génératrices de la vitesse pour avoir un guide assuré dans les appareillements.* Nécessité d'employer toujours le même modèle étalon. — Latitude dans la règle.

Troisième exemple : Choix de l'étalon pour la poulinière prise comme troisième exemple. — L'étalon doit toujours être aussi près que possible de la perfection. — L'éleveur connaîtra tous les étalons de pur sang qu'il peut avoir à sa disposition. — Type de l'étalon. — Étude du caractère chez la poulinière et chez l'étalon.

CHAPITRE DEUXIÈME.

De la sélection dans les races usuelles; — utilité de la sélection dans les races abâtardies; — il faut régulariser les conformations avant d'employer les croisements avec le sang. — Mêmes principes pour la sélection dans les races usuelles que dans les races pures : conserver les qualités, fixer les beautés acquises, éviter la confusion et le retard en cherchant à corriger tous les défauts à la fois.

CHAPITRE TROISIÈME.

Les croisements. — Création de spécialités d'aptitude : le croisement, — définition, effets. — En principe, quels sont les éléments dont on doit se servir pour croiser les races? — Du croisement dit à l'envers. — L'éleveur doit adopter avec les croisements, la méthode d'un régime supérieur comme soins, alimentation, élevage; — par ce procédé il peut créer toute spécialité d'aptitude qu'il voudra. — Les croisements avec le sang ne doivent être faits que sur des sujets de conformation régulière; — mêmes principes que pour la sélection : conserver les beautés acquises, remplacer graduellement les défauts par des beautés. — Il faut quelquefois savoir sacrifier des beautés si l'ensemble est décousu, et n'avoir d'autre préoccupation que le retour à la régularité. — Exemple. — Règle à suivre pour la création d'une sous-race n'exigeant qu'une très petite dose de sang. — Création du trotteur; procédé généralement usité; l'origine n'est pas assez étudiée au point de vue de la dose de sang à maintenir dans le produit; — on ne voit que les performances des ascendants; — le brillant des performances aveugle encore l'éleveur au point de lui faire négliger l'étude de la convenance des conformations. — C'est par le sang et le plus de sang possible que l'on arrivera au plus éminent résultat. — Le cheval de pur sang harmonieux et bien équilibré est aussi apte au trot que tout cheval de demi-sang; avec le bon emploi du sang, on obtiendra dans chaque contrée ce qu'elle peut faire de mieux; mais l'étalon de pur sang doit être convenablement approprié. — Méthode que doit suivre l'éleveur; — choix de l'étalon; choix de la poulinière. — Type poulinière trotteuse. — C'est par les croisements répétés avec le sang que l'éleveur obtiendra ce type. — Modèle de l'étalon à employer; — choix de l'étalon pour les générations suivantes.

Deuxième procédé pour faire le trotteur; — le croisement dit à l'envers. — Choix de l'étalon et nécessité de poursuivre l'emploi du même modèle dans les générations suivantes; dans ce but, figure des lignes dont on doit conserver la mémoire.

PREMIÈRE PARTIE

ÉTUDE DU CHEVAL PAR LES ENSEMBLES

I

Sommaire : Nécessité de connaître les lois de l'harmonie et les lois génératrices de la vitesse dans le cheval avant de s'occuper de reproduction et d'amélioration chevaline. — Mais quelles sont ces lois? — existe-t-il des règles ou des proportions qui les font connaître? — Méthode de Bourgelat; — réfutation de M. Lecoq; — de M. Richard; — que propose ce dernier? les proportions arabes! — Opinion de M. de Curnieu : on naît homme de cheval, on ne le devient pas. — Idées neuves du général Morris sur les proportions d'ensemble; il revient néanmoins au cheval carré de Bourgelat. — Notre méthode pour arriver à la connaissance des lois de l'harmonie et des lois génératrices de la vitesse dans le cheval.

NÉCESSITÉ D'ÊTRE BIEN PÉNÉTRÉ DE L'IDÉAL
DU BEAU CHEVAL.

Il est très utile à celui qui veut faire une étude sérieuse de la science hippique, de se bien pénétrer de l'idéal du beau cheval, réunissant les lignes les plus belles, dans les proportions les plus harmonieuses. Bien fixé sur les beautés d'ensemble et sur la valeur de chacune d'elles, il saura facilement établir des compensations dans les sujets non parfaits. Lorsqu'il saura faire l'analyse et la synthèse de l'harmonie dans le cheval, lorsqu'il connaîtra les lois génératrices de la vitesse, lorsqu'il saura équilibrer les forces par des compensations dans l'ensemble, il aura fait un grand pas vers la science des appareillements; il lui deviendra facile de résoudre ce problème : *améliorer les races, créer des familles à caractères fixes.*

EST-IL UN TYPE DE MESURE POUR LES HARMONIES D'ENSEMBLE?

Mais quelles sont ces proportions, ces harmonies d'ensemble? Existe-t-il un type de mesure qui mette le premier venu à même d'apprécier les qualités d'un cheval, d'après son extérieur, aussi bien que le pourrait faire le connaisseur lui-même vieilli dans l'observation et la pratique? Bourgelat le croyait. — C'est lui qui est l'auteur de cette règle des proportions géométrales, au moyen desquelles il pensait que l'on devait apprécier les beautés du cheval. Il suivait en cela l'exemple de ce que l'on fait pour les proportions de l'homme, oubliant, dit M. Richard, que le peintre ou le statuaire ne s'occupe pas des conditions de puissance musculaire propres à la force et à la vitesse, mais seulement d'une beauté de convention ou d'imagination, ce qui ne peut avoir lieu pour le cheval, dont la beauté se réduit à la conséquence des principes de mécanique qui résulte de l'action de cordes, de leviers, de points d'appui, de puissance et de résistance. Je continue à citer M. Richard : Bourgelat, dit-il, prend pour type de mesure la longueur de la tête, qu'il divise et subdivise en primes, secondes, points. — Si la tête est trop courte ou trop longue, il faut prendre la hauteur et la longueur du corps, qui doivent représenter deux fois et demie la longueur de la tête. Avec cette notion, on peut rétablir les véritables proportions de la tête. Cette proportion étant retrouvée, on la divise en primes, secondes et points. — Puis vient le tableau des proportions géométrales que doit présenter le cheval modèle, etc. C'est très ingénieux et beaucoup de chevaux d'un modèle rond, court, gracieux, joli, rentrent dans cette exactitude d'ensemble; mais ces proportions ne sauraient être celles du beau cheval, si la beauté doit être l'expression de la force, de la vitesse, de la puissance d'action, qui ne peuvent se rencontrer dans ce parfait équilibre du cheval modèle de Bourgelat, inscrit dans un carré sous le rapport de la hauteur et de la longueur du corps.

Un professeur d'une grande autorité, M. Lecoq, est un des premiers qui aient secoué cette erreur accréditée et enseignée depuis plus d'un siècle ; il admet cependant que, si l'erreur existe pour les détails, la règle est bonne pour les proportions d'ensemble.

Enfin M. Richard, dans une savante argumentation, donne le dernier coup au système de Bourgelat, trop absolu, trop théorique, trop peu d'accord avec les lois de la mécanique pour être d'une utile application. Mais par quoi M. Richard remplace-t-il le système qu'il détruit? Par la règle des proportions établies chez les Arabes et relatée par le général Daumas.

« Lorsqu'un cheval, disent les Arabes, a plus d'étendue du sommet du garrot au bout du nez que de cette partie à la pointe du tronçon de la queue, le cheval est dans de bonnes proportions. Il n'en est pas de même dans le cas contraire. »

Cette mesure, qui indique que les Arabes recherchent la longueur de l'encolure et condamnent celle du corps, serait très bonne si cette dernière longueur devait être le résultat d'une trop grande étendue du dos et du rein; mais ce serait autre chose si elle était due à l'étendue des rayons articulaires supérieurs. — Une encolure trop longue peut d'ailleurs être une beauté dans un tableau; mais au point de vue de la vitesse et du service, si l'arrière-main n'est pas en proportion de force avec le développement de l'avant-main, elle charge inutilement la partie antérieure, rend le cheval moins facile à conduire et ne vaut pas l'encolure moyenne, bien placée et en bonne proportion avec le reste du corps. — En somme, c'est encore revenir à l'admiration des médiocrités.

M. Richard donne aussi un résumé des qualités de conformation telles que les Arabes les comprennent; c'est encore le général Daumas qui fournit la citation :

Le beau cheval doit avoir :

Quatre choses larges : le front, le poitrail, la croupe, les membres.

Quatre choses longues : l'encolure, les rayons supérieurs, le ventre, les hanches.

Quatre choses courtes : les reins, les paturons, les oreilles, la queue.

Tout autant de beautés — sans doute, mais sans terme de comparaison d'ensemble. Ainsi, par rapport à quoi trouvera-t-on qu'une chose est large, longue ou courte? M. Richard détruit une erreur, mais il ne la remplace pas par une théorie meilleure.

Écoutons M. de Curnieu sur le même sujet : « La base principale de la science de l'extérieur est la connaissance des ensembles, ou le sentiment de l'harmonie des proportions. Cette appréciation dépend du coup d'œil; aucune notion mathématique ne peut définir ce qui caractérise l'ensemble ni en donner l'idée à l'homme dépourvu d'une disposition spéciale. Ici donc, l'enseignement est insuffisant et illusoire; de même que la musique n'est sentie que par qui sait entendre, de même le cheval n'est connu que par qui sait voir. Cette qualité des yeux ne s'annonce que par le plaisir qu'on éprouve à son insu à l'exercer; quiconque regarde les chevaux avec intérêt s'arrête à les examiner et compare; celui-là est apte à s'y connaître un jour, mais l'expérience est longue à acquérir et demande beaucoup de pratique. »

Si du moins, après avoir montré la difficulté, M. de Curnieu avait indiqué quelque méthode de voir, de comparer et d'acquérir cette précieuse connaissance qui ne peut être donnée que par l'habitude d'une observation bien dirigée! — Mais non, il s'en tient à indiquer la difficulté.

Avec une méthode plus avancée, le général Morris base les éléments de la valeur du cheval, sa force, sa vitesse, sa beauté, sur l'inclinaison des rayons et la similitude des angles articulaires. Il y a là de précieuses découvertes. Mais lorsqu'il aborde l'étude des proportions générales, il revient aux proportions de Bourgelat et construit un cheval carré (pl. I), très joli, mais qui, quelle que soit son origine, ne pourrait être bon dans une course de vitesse, où il serait nécessaire de déployer une force énorme d'impulsion que lui refuse tout le raccourci de ses lignes. Ce n'est qu'un fort joli et gracieux cheval, bien autrement joli que celui de Bourgelat, mais il ne met pas plus sur la voie des termes de comparaison nécessaires pour s'entendre sur les expressions de longueur, hauteur, ampleur.

PL. I

Pour nous, partant de la théorie du général Morris, nous dirons avec lui que la loi génératrice des harmonies d'ensemble est dans la hauteur, la longueur, l'ampleur de la charpente osseuse, et nous indiquerons des termes de comparaison pour montrer comment on doit entendre ces expressions ; mais, loin de revenir au cheval carré de Bourgelat (pl. I), nous lui opposons le cheval long, puissant, harmonieux (pl. II), construit par la nature et dans lequel nous retrouvons les proportions se rapportant à notre principal terme de comparaison, *l'épaule* (page 39).

Nous dirons encore que la direction et la longueur des rayons articulaires agissant sur un arbre de couche droit, suffisamment long, sont la base de la vitesse ; que le sang, la trempe, la famille déterminent l'aptitude à la vitesse et son intensité.

Examinons en détail chacune de ces divisions.

PL. II

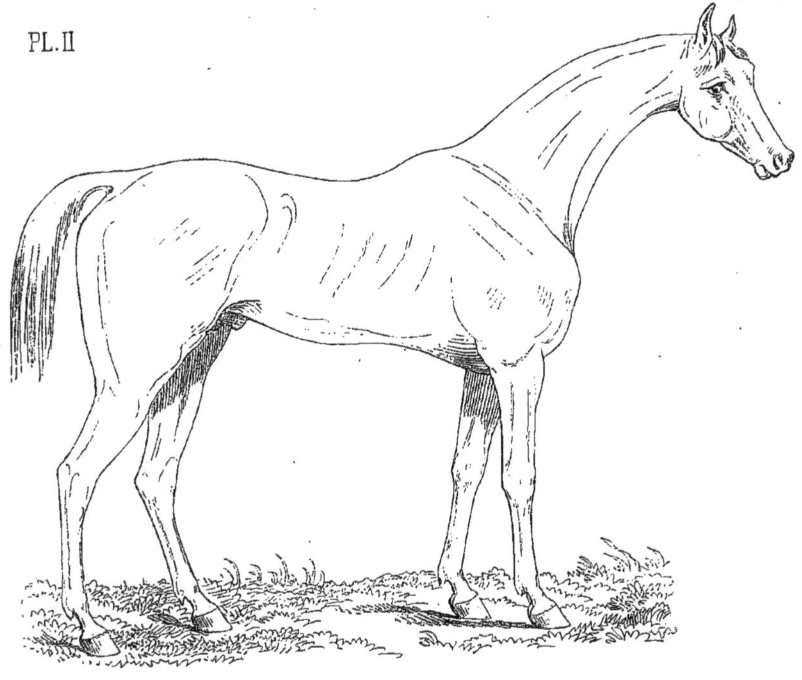

Notre modèle comme proportions générales de hauteur, longueur, ampleur (opposé au cheval carré, pl. I), s'il n'accuse pas toute l'ampleur qu'il a réellement, c'est qu'il a subi l'entraînement, qu'il est prêt à courir. On ne voit que les lignes de sa charpente et ses muscles. — Quel est maintenant, pour le connaisseur, le plus puissant, le plus calme dans sa force, le mieux équilibré de ces deux chevaux? Ce n'est plus une question à poser; hâtons-nous d'arriver à l'énoncé des raisons, d'initier les jeunes débutants qui voudront bien nous suivre dans ces études, à une méthode de comparer et d'apprendre.

II

1° DE LA LONGUEUR PAR RAPPORT A LA HAUTEUR DU CORPS.

La longueur de la charpente osseuse doit être examinée sous divers aspects :

Par rapport à la hauteur du corps, le bon cheval, mesuré de la pointe de l'épaule à la pointe de la fesse, doit être plus long que haut, mesuré du sommet du garrot à terre.

Cette longueur est indispensable pour permettre l'étendue des mouvements. Normalement elle est fournie d'une part par la profondeur de la capacité thoracique, d'autre part par la longueur des rayons osseux de l'arrière-main.

Cette longueur du corps mesure la distance qui sépare les pieds antérieurs des pieds postérieurs dans un cheval bien d'aplomb; or plus elle sera grande, en coïncidant avec les harmonies d'ensemble que nous allons indiquer, réunies par un dessus soutenu, musclé et un flanc court, plus les mouvements seront étendus, plus il se rencontrera de moyens de vitesse, par là du moins. Cette longueur indique aussi l'étendue de la respiration et le fonds de résistance, si elle coïncide avec l'ampleur et les autres conditions d'ensemble.

2° LONGUEURS DU CORPS ET DE LA HANCHE COMPARÉES A LA LONGUEUR DE L'ÉPAULE.

Avec une épaule longue et bien inclinée, la longueur du thorax peut être moins apparente et il peut paraître relativement court (ex.: Mambrino, pl. XXXIV *bis*). Mais si l'épaule est bien inclinée à 45° environ, si elle est suffisamment longue (voir page 39) et si cette même longueur mesure celle qui sépare sa ligne médiale de la pointe de la hanche, le corps aura la longueur voulue (pl. III et IV); et si en outre la hanche a la même longueur (pl. V), nous trouverons une harmonie d'autant plus favorable à la puissance que, tout en donnant naissance à la facilité d'étendue de mouvements, elle favorise la force en diminuant la résistance.

3° LONGUEUR TOTALE.

La longueur s'examine aussi de l'occiput à la pointe de la fesse; on la divise alors en deux parties : 1° de l'occiput à la naissance du garrot; 2° de la naissance du garrot à la pointe de la fesse. Ces deux longueurs doivent être presque identiques dans un cheval à belles lignes; elles indiquent un harmonieux équilibre entre l'avant et l'arrière-main.

Telles sont les harmonies de longueur que chacun peut relever dans les chevaux à belles lignes et bien équilibrés. Nous allons les étudier avant d'aller plus loin sur des esquisses de chevaux célèbres, *Kisber*, *Soothsayer*.

J'ajouterai que l'encolure se trouve bien proportionnée, lorsque dans un cheval d'un bon modèle elle est de la longueur de l'épaule.

PL. III

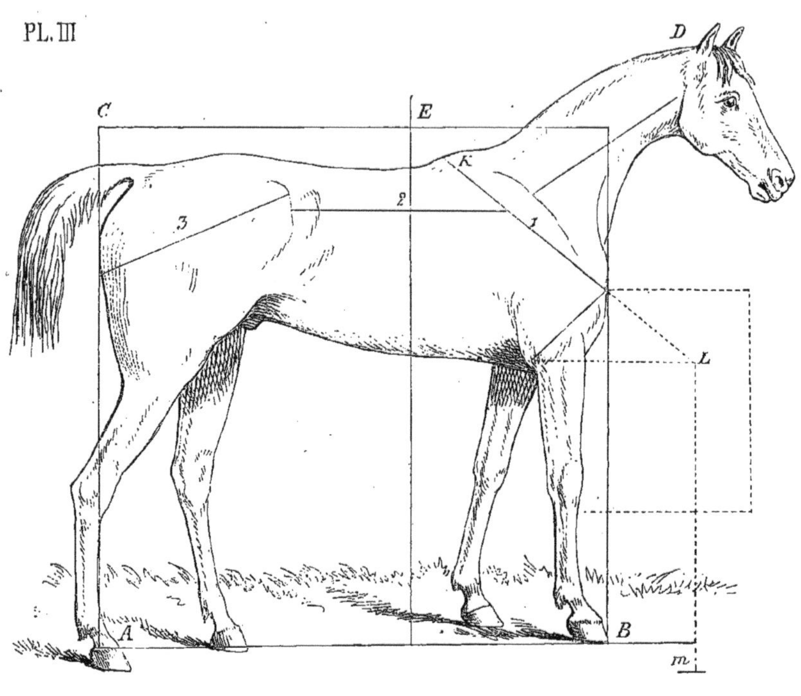

KISBER

<table>
<tr><td>1° Longueur par rapport à la hauteur du corps.</td><td>Le cheval inscrit dans un carré est bien plus long que haut, malgré qu'il soit encore enlevé, avec la jambe trop anglaise ; si le canon était moins haut et les jambes meilleures, ce serait un modèle de lignes longues, harmonieuses et puissantes.</td></tr>
</table>

Ainsi la longueur l'emporte sur la hauteur. La ligne d'étendue des mouvements est indiquée par les lettres A B.

<table>
<tr><td>2° Longueurs du corps et de la hanche comparées à la longueur de l'épaule.</td><td>Exacte similitude de longueurs 1, 2, 3.</td></tr>
</table>

<table>
<tr><td>3° Longueur totale C D.</td><td>Harmonieux équilibre entre l'avant-main E D et l'arrière-main C E.</td></tr>
</table>

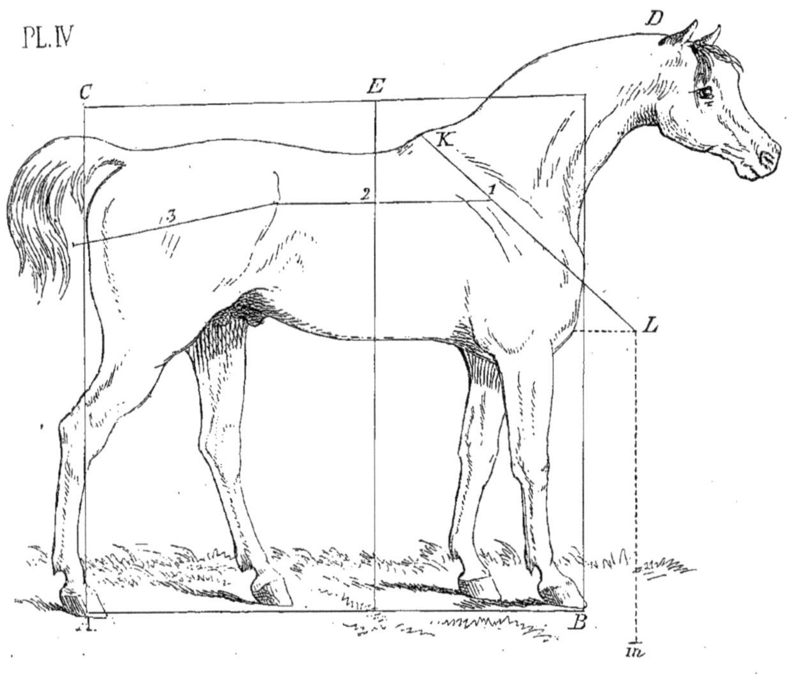

SOOTHSAYER

DEUXIÈME EXEMPLE : *Esquisse de Soothsayer*. — Examiné sous les trois rapports de longueur, il est plus long que haut, mais il est trop court de hanches et relativement trop court d'arrière-main par rapport à la puissance d'avant-main.

PL. V

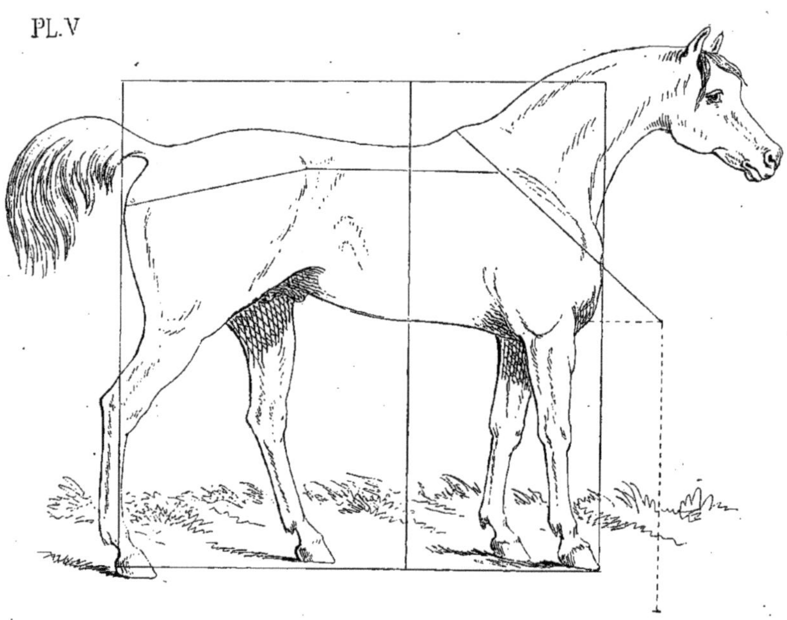

Troisième exemple (pl. V). — Le même, reconstruit avec les proportions de longueur, offre évidemment l'aspect d'un cheval autrement puissant et harmonieux.

DÉFECTUOSITÉS QUE PEUT PRÉSENTER LA LONGUEUR, COMPENSATIONS.

Cependant la longueur est loin de se présenter toujours sous l'aspect harmonieux que nous venons d'étudier; on la rencontre dans tous les chevaux vites; c'est une des conditions de la vitesse; — mais elle est plus ou moins régulière, plus ou moins défectueuse.

LONGUEUR AVEC UNE ÉPAULE PEU PENCHÉE.

Elle peut exister avec une épaule peu inclinée, presque droite (pl. VI). — Si dans ce cas elle est due à la profondeur de la capacité thoracique, jointe à un dessus musclé et bien soutenu, la longueur sera une compensation à l'épaule trop en avant. — Les mouvements seront moins hauts, le cheval rasera le tapis; le jeu de l'épaule sera peu aisé et la fatigue plus prompte, mais il pourra encore être très vite avec cette conformation qui permet une grande étendue de mouvements et l'ampleur de la respiration, aussi bien que lorsque la profondeur du thorax est dissimulée par une épaule bien inclinée (pl. III).

DÉFAUT DE LONGUEUR AVEC LA MÊME ÉPAULE.

Si au contraire, avec cette épaule plus ou moins droite, le corps est court, non seulement l'étendue des mouvements généraux est limitée, puisque les membres postérieurs peuvent très peu s'engager en avant, mais encore la liberté d'avant-main, étant elle-même gênée par la position de l'épaule, offrira une résistance et un nouvel obstacle au développement en avant.

DÉFAUT DE LONGUEUR AVEC UNE ÉPAULE BIEN PENCHÉE.

L'épaule inclinée est donc toujours bonne : 1° parce qu'elle favorise le mouvement en avant; 2° parce qu'elle indique toujours forcément une certaine capacité thoracique qui est la base du fonds et de l'étendue des mouvements de la machine animée.

Cette épaule inclinée peut cependant se rencontrer sur un corps relativement court (pl. VII); alors c'est une beauté relative et une compensation à ce trop peu de longueur du corps, puisqu'elle favorise par la facilité de ses mouvements l'impulsion en avant dont aucun effort ne reste perdu. Cependant, au point de vue de la vitesse en soi, cette compensation n'est pas suffisante, la facilité ne pouvant suppléer l'étendue de mouvements.

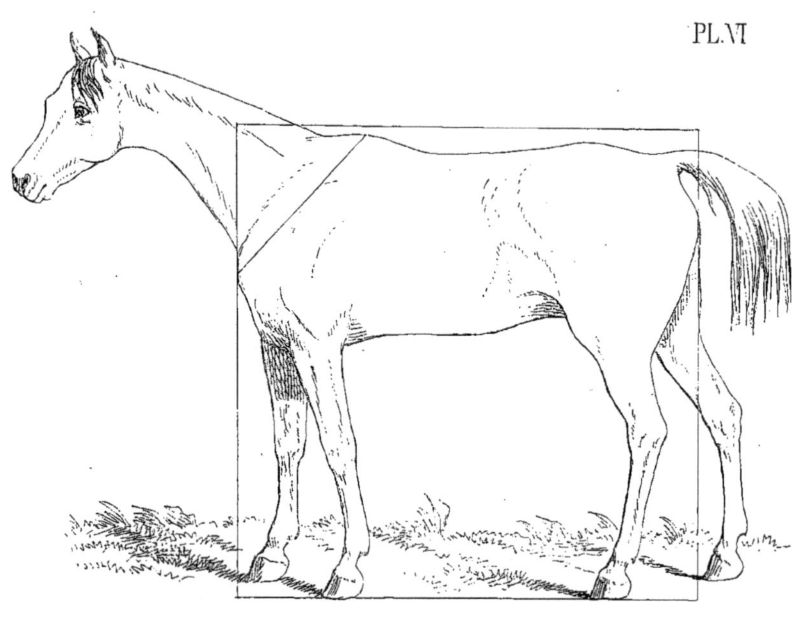

EXEMPLE : *Épaule en avant, corps long*. — Au point de vue de la vitesse, la longueur du corps avec un dessus bien soutenu peut être une compensation au peu d'inclinaison de l'épaule, etc.

PL. VII

EXEMPLE : *Épaule bien penchée, corps court.* — Dans un cheval court la belle direction de l'épaule et des rayons supérieurs indique la facilité des mouvements ; mais leur étendue est incompatible avec le raccourci du tronc.

LONGUEUR DÉFECTUEUSE, DOS ET REIN.

La longueur peut être exagérée (pl. VIII) et produite par le rein, le dos étant en outre affaissé. Elle est alors d'autant plus défectueuse qu'elle s'accentue davantage en l'emportant sur la longueur des rayons supérieurs, épaule et hanche. — Elle devient d'autant plus défectueuse encore que le rein et le dos sont plus affaissés et plus maigres.

PL. VIII

COMPENSATIONS A CETTE LONGUEUR DÉFECTUEUSE.

Cette longueur, qui met du décousu entre l'avant-main et l'arrière-main, est nuisible à la force de la charpente osseuse. Néanmoins elle peut encore recevoir certaines compensations et se rencontrer dans un bon cheval, pourvu toutefois qu'elle ne soit pas trop accentuée. — Ainsi, dans un cheval trop long, les rayons supérieurs peuvent être bien placés; beaucoup plus longs que les rayons inférieurs (voir longueur et inclinaison des rayons); le dos et le rein, quoique longs et même un peu affaissés, peuvent être larges et bien musclés; les dernières fausses côtes longues, l'ampleur générale suffisante. De cette réunion de compensations peut naître un ensemble que l'on peut utiliser, même au point de vue de la reproduction, si l'on a soin de conserver les beautés en tendant à l'exclusion des défauts.

DÉFECTUOSITÉ DE LA LONGUEUR PAR RAPPORT A L'AVANT-MAIN COMPARÉ A L'ARRIÈRE-MAIN.

Enfin la longueur peut être irrégulière par rapport aux proportions qui doivent exister entre l'avant-main et l'arrière-main.

AVANT-MAIN TROP LONG.

Le trop de longueur de l'avant-main, quoique gracieux, le rend lourd et peut nuire à la vitesse, puisqu'il implique le manque d'équilibre entre la puissance et la résistance (pl. IX).

PL. IX

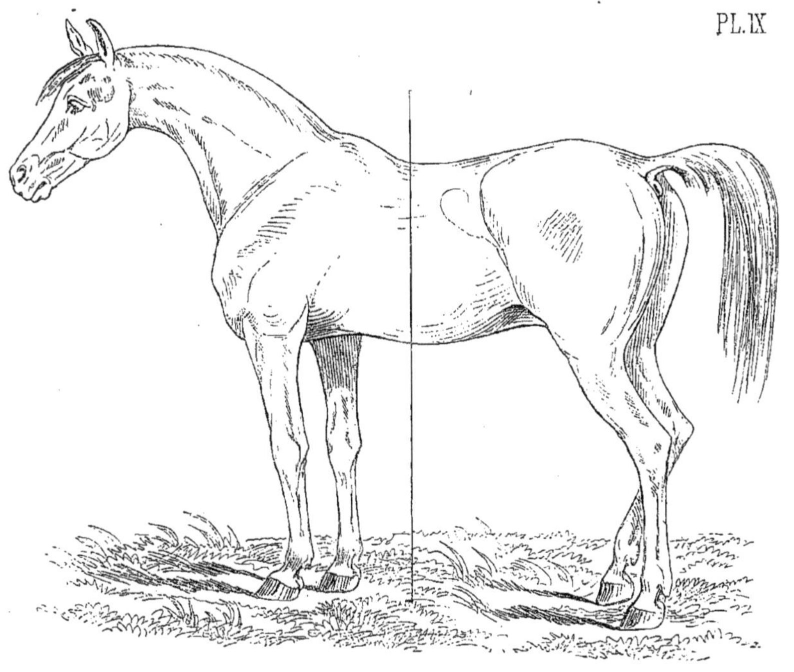

AVANT-MAIN TROP COURT.

Le manque de longueur dans l'avant-main, souvent dû à une encolure trop courte, à une épaule trop droite, à un garrot trop en avant, rompt disgracieusement l'équilibre harmonieux qui doit exister entre l'avant et l'arrière-main et implique une faiblesse relative de l'avant-main en même temps que gêne dans les mouvements.

COMPENSATIONS A CES DEUX DÉFAUTS.

La solidité des membres antérieurs et la puissance musculaire de l'épaule peuvent dans ce cas apporter des compensations (pl. X). — De

PL.X

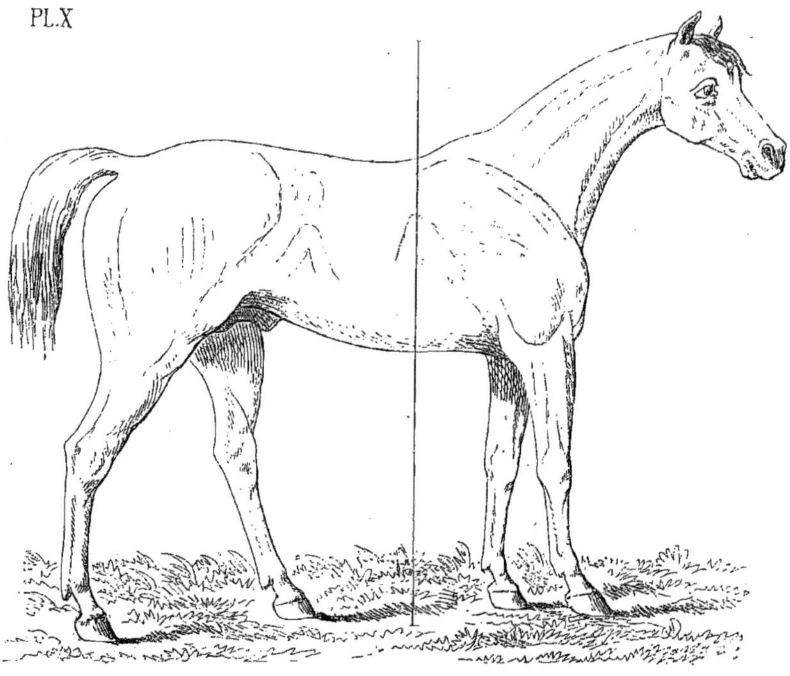

même que pour le défaut opposé, la force des reins et des jarrets, la puissance musculaire de la croupe peuvent compenser leur trop peu de longueur relative, si surtout l'épaule est bien penchée; cette bonne direction favorisant l'emploi de la force d'impulsion.

III

DE LA HAUTEUR

SOMMAIRE : La hauteur se mesure : 1° de la saillie du garrot à terre; 2° on l'envisage sous le rapport de la distance de la poitrine à terre; 3° sous le rapport de l'harmonie entre l'avant-main et l'arrière-main.

1° DE LA SAILLIE DU GARROT A TERRE.

Cette première mesure de la hauteur doit être moindre, nous l'avons déjà dit, que la longueur (voir les exemples précédents).

2° HAUTEUR.

Sous le rapport de la distance de la poitrine à terre, le cheval harmonieux et fortement construit doit offrir une profondeur de poitrine qui, mesurée du sommet du garrot au passage des sangles (niveau du sternum), soit presque la même que la distance de ce point à la terre. (Ex. : planche ci-après et pl. IV, V, VII.)

CHEVAL TROP ENLEVÉ.

Sous ce rapport, le cheval peut être trouvé trop haut, plus ou moins enlevé. Ce manque d'ensemble entache l'étalon et la poulinière, parce qu'il est un défaut qui se transmettra et qui, impliquant l'absence

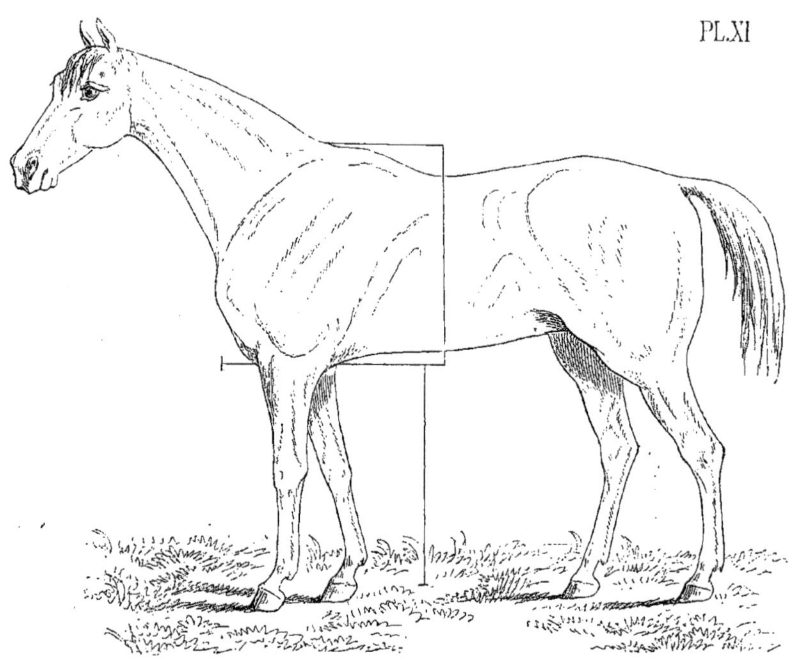

de résistance, de force et de fond, doit les faire exclure de la reproduction, puisque ce sont ces qualités que l'on doit s'attacher à cultiver dans les races usuelles.

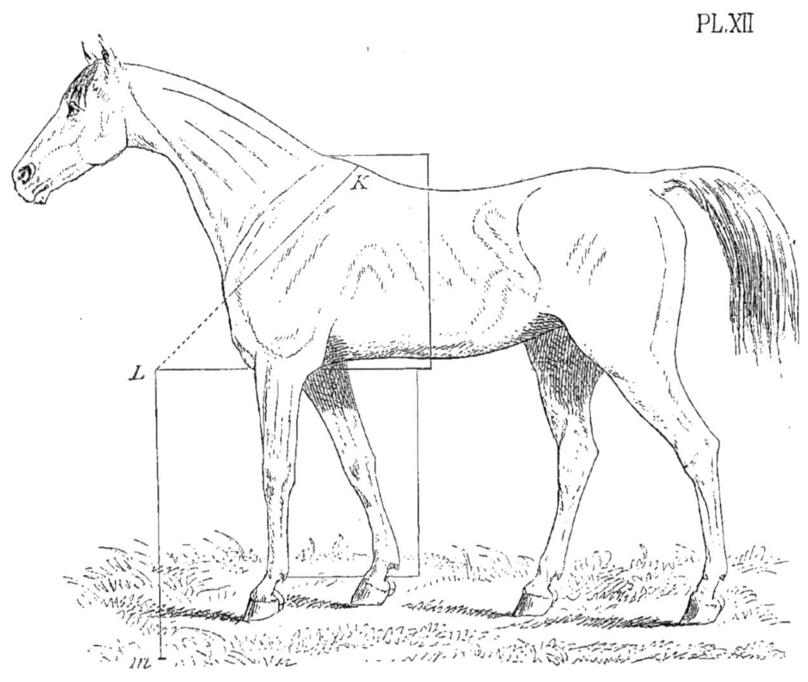

COMPENSATIONS AU DÉFAUT PRÉCÉDENT.

Cependant ce cheval enlevé n'est pas pour cela exclu des conditions de la vitesse; dans ce cas, la compensation viendra de la longueur et de l'inclinaison des rayons, les supérieurs étant plus longs que les inférieurs (pl. III et IV, lignes K L, et L M, planche précédente, mêmes lignes. Ce cheval aura moins de fond, mais sa vitesse pourra être énorme.

HAUTEUR SANS COMPENSATIONS.

Si, au contraire, il est trop haut parce qu'il a de grandes jambes et peu de poitrine, avec des rayons articulaires courts et droits, il sera dans des conditions absolument défectueuses, étant ainsi privé tout à la fois de force et de souplesse (pl. XIII).

PL.XIII

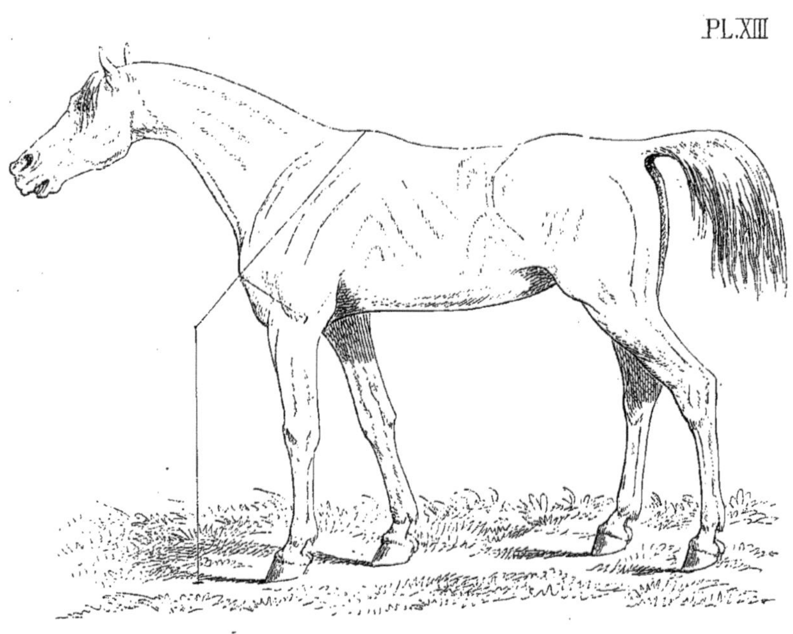

3º DE LA HAUTEUR SOUS LE RAPPORT DE L'HARMONIE QUI DOIT EXISTER ENTRE L'AVANT-MAIN ET L'ARRIÈRE-MAIN.

L'harmonie qui doit exister entre l'avant-main et l'arrière-main sous le rapport de la hauteur est réglée par la rigidité du dos qui réunit les deux parties sur un même plan. La ligne du dos doit être droite, ni plongeante, ni inclinée en arrière ; la selle doit trouver sa place naturellement et y rester sans tendre à aller en avant ni en arrière. C'est le meilleur moyen de se rendre compte de l'harmonie qui existe comme hauteur entre l'avant-main et l'arrière-main.

CHEVAL TROP BAS D'AVANT-MAIN.

Si le cheval est trop bas d'avant-main, il en résulte un défaut d'équilibre entre la puissance et la résistance ; l'animal ainsi construit est d'un service peu sûr et peu agréable (pl. XIV).

COMPENSATIONS.

Cependant, avec de bons membres antérieurs et une épaule très inclinée, cette conformation peut favoriser la vitesse si, comme nous le dirons en étudiant la direction des rayons articulaires (page 39), l'impulsion a lieu sur l'horizontale et non, comme il arrive fréquemment, sur un plan incliné, cas dans lequel cette conformation est aussi défectueuse que possible pour la durée du service.

PL.XV

CHEVAL TROP BAS D'ARRIERE-MAIN. — COMPENSATIONS.

Si, au contraire, l'arrière-main est trop bas (comme pl. XV), la résistance pèse d'autant plus sur la puissance qui est en partie paralysée par le poids de l'avant-main; — dans ce cas, de bonnes jambes, un dessus excellent, des reins musclés, de l'ampleur d'arrière-main et de bons jarrets bien d'aplomb sont des compensations indispensables pour prévenir la ruine du cheval auquel on demande quelque travail. Une épaule bien inclinée est aussi une compensation en ce qu'elle rend l'avant-main plus léger.

IV

DE L'AMPLEUR. — CORPS ET MEMBRES

Sommaire : Divers aspects de l'ampleur : dans le cheval de selle, dans le carrossier, dans le cheval de trait. — Du manque d'ampleur dans l'arrière-main, compensations ; — du manque d'ampleur dans l'avant-main, peu ou pas de compensations. — Des membres dans leur ensemble ; de l'avant-bras ; — du mode d'action des rayons articulaires supérieurs relativement aux inférieurs. — Définition de la jambe anglaise, arabe, etc., d'après M. de Curnieu.

Nous n'avons encore examiné le cheval que de profil ; mais il doit encore présenter une ampleur d'ensemble et une force de membres en harmonie avec sa taille, son origine, sa destination.

DIVERS ASPECTS DE L'AMPLEUR, SUIVANT LA RACE ET L'APTITUDE.

Évidemment l'ampleur variera suivant l'aptitude recherchée, de même que la longueur. Elle donnera au cheval de sang l'aspect de la force unie à l'agilité ; elle prendra le caractère de la force dominant l'agilité à mesure que l'on se rapprochera des races destinées à des services de moins en moins rapides.

C'est la réunion de ces trois dimensions : — longueur, hauteur, ampleur, — qui, suivant la manière dont elle est équilibrée, constitue des conditions de vitesse, de force, ou une moyenne de ces deux qualités. — Si avec cette harmonie d'ensemble se trouve encore la direction des

rayons articulaires agissant sur un arbre de couche droit, souple, fortement musclé, dans un cheval de grande origine, on aura les meilleures
conditions de la vitesse unie à la résistance. — Nous verrons bientôt
comment on peut arriver à produire ces bases dans une famille.

DE L'AMPLEUR DANS LE CHEVAL DESTINÉ AUX SERVICES RAPIDES.

L'ampleur est donc différente suivant les diverses aptitudes. Pour
le cheval destiné aux services rapides, l'avant-main sera bâti en force
favorisant l'agilité; la poitrine gagnera en profondeur ce qu'elle doit
perdre en largeur, mais sans exagération. Les coudes seront bien
détachés du corps et la côte sera longue.

DE L'AMPLEUR DANS LE CHEVAL DE SELLE.

L'arrière-main, siège de la force d'impulsion, offrira un développe-

PL. XVI

ment en épaisseur qui n'exclut ni la beauté ni la distinction lorsqu'il sera en harmonie avec la longueur et la direction des rayons osseux. Le tronc sera large et musclé, de même que les membres. Telles sont les conditions d'ampleur pour le cheval de selle, de course (pl. XXXIV *bis*).

DE L'AMPLEUR DANS LE CARROSSIER; LE CHEVAL DE TRAIT.

Pour le carrossier, elles seront de même en harmonie avec sa taille ; mais la poitrine gagnera en largeur. — Il en sera de même pour le che-

PL. XVII

val de trait, dont le poitrail offrira l'aspect tout opposé de celui du cheval de course. Néanmoins, à part cette différence, sa conformation régulière sera toujours celle du cheval de selle énormément grossi. C'est l'aspect que présentent tous les bons percherons d'un beau type.

Ainsi donc, pour le service rapide en général, nous envisagerons l'arrière-main dans son ampleur positive et l'avant-main dans son ampleur relative.

MANQUE D'AMPLEUR D'ARRIÈRE-MAIN. — COMPENSATIONS.

Le manque d'ampleur d'arrière-main pourra être compensé plus ou moins par la longueur des rayons osseux, par la force des reins, par la puissance des cuisses, des jambes, des jarrets, par le développement des tendons et la force des articulations. — Par une poitrine profonde, bien faite, supportant une épaule longue et bien inclinée sur un bras fortement musclé, les genoux étant près de terre ainsi que les jarrets. — Avec ces qualités compensant ce défaut, un cheval bien né peut encore être un cheval de course de grand ordre.

Mais il n'est pas besoin de la réunion de toutes ces compensations pour qu'un cheval mince d'arrière-main puisse faire un bon service, pourvu toutefois que l'épaule soit bien à sa place. Cette dernière condition garantit qu'il n'y aura aucune perte dans la force d'impulsion.

MANQUE D'AMPLEUR D'AVANT-MAIN. — PEU OU PAS DE COMPENSATIONS.

Si nous passons maintenant à l'examen de la partie antérieure considérée sous le rapport de l'inharmonie d'ampleur qu'elle peut présenter, nous dirons que, même avec une très grande force d'arrière-main, le manque de développement de l'avant-main, avec une épaule droite et courte, ne produira qu'un cheval médiocre, comme vitesse du moins. Ce cheval pourra faire un bon serviteur si on n'exige de lui qu'une allure modérée; cependant cette conformation usera promptement l'avant-main, exposera le cheval aux chutes en lui faisant dépenser inutilement et même à son préjudice une force mal équilibrée. — Là, comme partout, ce défaut d'équilibre entre deux régions qui doivent agir de concert sera d'autant plus nuisible, qu'une plus grande beauté rencontrera son con-

traire dans la partie avec laquelle elle doit agir pour l'ensemble de la loco-
motion. Mieux vaudrait certes une médiocrité complète dans toutes ses
parties, mais harmonieuse dans sa pauvreté.

DES MEMBRES

Vus dans leur ensemble et par rapport au poids et à la force du
corps, les membres seront bien d'aplomb, forts, musclés, nets de tares,
en harmonie de force et d'ampleur avec le corps.

MOTIFS QUI DOIVENT FAIRE RECHERCHER LES GENOUX ET LES JARRETS PRÈS DE TERRE.

Suivant l'aptitude recherchée, les genoux et les jarrets seront
plus ou moins près de terre. Cette conformation, que l'on doit exiger
lorsque l'on recherche la vitesse, implique la brièveté des canons et la
force des cordes tendineuses; d'autre part, les jarrets peuvent ainsi
s'engager d'autant plus en avant et accroître de cette sorte l'étendue
des mouvements; mais la longueur absolue de l'avant-bras n'est pas
indispensable à la vitesse; ce n'est que sa longueur relative comparée à
celle du canon que l'on doit exiger. Nous en avons dit la raison, car
c'est surtout la longueur et l'inclinaison des rayons supérieurs qui favorisent la vitesse. En effet, dans le galop de course, tout le membre est
tendu en avant et ne fléchit que très peu à partir du genou; il est à remarquer aussi que beaucoup de trotteurs ont l'avant-bras peu long, soit
parce qu'ils sont près de terre et qu'ils ont les membres courts, soit
même parce que le canon est relativement long. Cependant ces chevaux sont très vites, mais avec des allures plus ou moins relevées.

Il est à remarquer encore que l'allure du trotteur est basse et cou-
lante avec une épaule longue et musclée, mais peu inclinée, agissant sur
de longs avant-bras (longs par rapport aux canons); que cette allure est
relevée lorsque des bras fortement musclés et une épaule bien placée
agissent sur des avant-bras courts, mais que l'on constate de grandes
vitesses dans l'un et l'autre cas. La vitesse n'est donc ni accrue ni di-
minuée par ce seul fait de la longueur ou de la brièveté de l'avant-bras;
il n'y a là qu'une beauté de détail dont on a beaucoup surfait l'importance. Ce n'est pas là qu'il faut chercher les causes qui déterminent la
vitesse, les signes qui peuvent la faire reconnaître.

Il ne faudrait pas non plus conserver cette erreur qui consiste à
accréditer l'idée que les longs membres sont indispensables à la vitesse.
Sous ce rapport, c'est, nous allons bientôt le démontrer, la prédomi-

nance de longueur des rayons articulaires supérieurs sur les inférieurs et leur inclinaison, qui favorisent la vitesse.

Les rayons inférieurs doivent être bâtis en force et en souplesse; ils doivent être plutôt courts que longs dans leur ensemble. C'est au

PL. XIX

retour à cette harmonie entre le corps et les membres que doivent tendre les efforts de l'éleveur qui étudie les appareillements. Si dans la race anglaise on rencontre fréquemment de longues jambes, ce qui a donné l'idée à M. de Curnieu de classer cette jambe dans une catégorie spéciale, — la jambe anglaise, — on y rencontre aussi fréquemment la jambe arabe, musclée, proportionnée du cheval près de terre (pl. XIX, 34 *bis*).

C'est à cette jambe arabe que l'on comparera la jambe anglaise (pl. XXIV et XXVII) trop haute; la jambe normande trop grasse, mal d'aplomb avec les canons renvoyés sous le genou et toutes les jambes défectueuses en général.

V

DE LA LONGUEUR ET DE LA DIRECTION
DES RAYONS ARTICULAIRES

Sommaire : Point de départ à la théorie du général Morris. — Rôle de la longueur et de la direction des rayons. — Division des rayons articulaires en supérieurs et inférieurs. — La similitude des angles ne se rencontre pas toujours dans les meilleurs chevaux. — Compensations. — L'effort d'impulsion produit sur l'horizontale est le plus favorable à la vitesse. — Il est en partie perdu pour la vitesse s'il se fait sur un plan incliné. — Rôle de l'épaule inclinée à 45° sur la verticale ; à 25°, à 30°. — Compensations. — Exemples de la direction que peut suivre la force d'impulsion suivant l'inclinaison des rayons articulaires supérieurs.

Rayons articulaires examinés sous le rapport de la longueur. Rôle de la longueur dans les rayons articulaires. — La longueur de l'épaule, terme de comparaison pour les harmonies d'ensemble. — Mesures fournies par l'épaule. — Définition de l'épaule longue, suffisante, courte. — Exemples. — Compensations à l'épaule courte. — Lorsque les proportions d'ensemble ne sont pas mesurées par l'épaule, elles doivent y être ramenées par les compensations. — Longueur de l'épaule et du bras comparée à celle du reste du membre. — Rôle des rayons supérieurs et des rayons inférieurs. — Mais, quoi qu'il en soit, la plus heureuse conformation ne peut donner que la vitesse possible suivant l'origine ; elle ne la favorise qu'à dose égale de sang.

Nous prendrons encore ici notre point de départ de la théorie du général Morris : « Les rayons articulaires supérieurs doivent être longs et inclinés à 45° sur la verticale. » Nous ajouterons quelques aperçus nouveaux.

ENSEMBLE DE LA CONFORMATION PROPRE A LA VITESSE.

La base de la production de la vitesse dans un cheval bien né réside principalement, au point de vue de la conformation, dans la longueur et la direction des rayons articulaires agissant par des attaches et des cordes puissantes sur un arbre de couche droit, fort, souple, dans les conditions de *l'ensemble harmonieux ou compensé* que nous venons d'étudier.

Nous diviserons ces rayons articulaires en supérieurs et en inférieurs.

Les supérieurs, attachés sur le corps, sont, d'une part : l'os de l'épaule et l'os du bras, et, d'autre part, l'os de la hanche et l'os de la cuisse.

Les rayons inférieurs forment les membres.

Nous étudierons d'abord les rayons par rapport à leur direction.

LES MEMBRES ÉTUDIÉS SOUS LE RAPPORT DE LA DIRECTION
DES RAYONS.

La direction des rayons articulaires supérieurs inclinés à 45° environ sur la verticale est la plus favorable à la vitesse. En effet, les angles formés par l'obliquité des rayons ont plus de facilité pour s'ouvrir largement, et dès lors les membres ont plus de latitude pour la plus grande étendue de leur jeu. Ce jeu de flexion est d'autant plus soutenu qu'il est favorisé par de plus puissants faisceaux de muscles.

Cependant l'absolutisme de cette règle, la nécessité du parallélisme des rayons et la similitude des angles inscrits dans un carré, ont ramené le général Morris au cheval court de Bourgelat. L'étude précédente nous a fait connaître le côté défectueux de cette construction. C'est que le général Morris, manquant de terme de comparaison d'ensemble, était obligé, comme Lecoq, de revenir à l'ensemble de Bourgelat, tout en n'admettant pas non plus l'exactitude des détails.

Cependant on est loin de rencontrer toujours la similitude des angles, même dans les meilleurs chevaux. La direction des rayons articulaires supérieurs peut être très différente dans l'avant-main et dans l'arrière-main et former néanmoins des angles très ouverts, ayant une grande étendue dans le déploiement de leur jeu. L'important est de savoir si la force d'impulsion ainsi produite sera bien employée; s'il se trouve des compensations au plus ou moins d'écart que peuvent présenter les angles dans leur similitude.

Examinons :

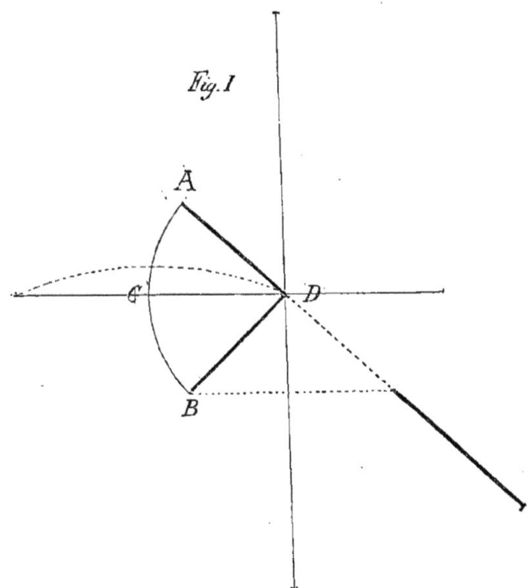

Fig. 1. — Étendue du jeu de flexion du membre en avant et en arrière.

Si la hanche et la cuisse, figurées par les deux lignes A et B ci-dessus, sont inclinées à 45° sur la verticale, le milieu de l'arc de cercle qui les unit antérieurement, C, étant sur l'horizontale par rapport au point d'attache de l'articulation D, et l'effort d'impulsion devant nécessairement se produire sur le milieu de cet arc de cercle, il s'ensuit qu'il se produit sur l'horizontale. Il n'y aura dès lors aucune déperdition de force, puisqu'elle est entièrement employée en avant et qu'elle peut avoir ainsi tout son effet utile, si surtout elle est favorisée par une semblable direction de l'épaule, ou par les compensations qui peuvent venir au secours d'une direction plus ou moins défectueuse.

Si maintenant la hanche et la cuisse A et B ne sont plus inclinées à 45° sur la verticale, si la hanche est presque droite, ce qui

n'implique pas la nécessité d'un angle articulaire plus fermé que le précédent, le milieu de l'arc de cercle qui les unira antérieurement, C, étant

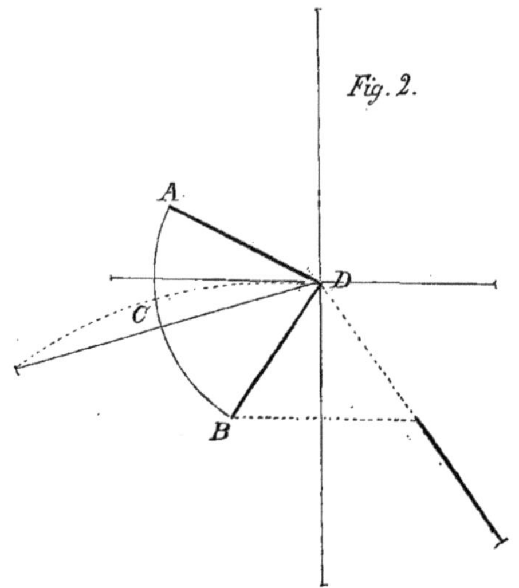

Fig. 2. — Étendue du jeu d'articulation réduite par cette conformation.

sur un plan incliné par rapport au point d'attache de l'articulation D,
il s'ensuivra que l'effort d'impulsion se fera sur ce même plan incliné
et qu'il sera d'autant plus paralysé dans son effet utile que cette inclinaison sera plus sensible. En effet, les membres antérieurs seront ainsi
forcés d'arriver plus tôt à l'appui, et la plus favorable disposition de l'a-
vant-main ne produira dans ce cas qu'un médiocre résultat. — C'est ce
qui explique comment les chevaux à croupe droite et à hanches droites
sont toujours mauvais, tandis que ceux à croupe droite et à hanches
inclinées, de même que ceux à croupe inclinée, sont toujours bons, si
d'ailleurs les autres harmonies d'ensemble se rapportent à cette bonne
direction des rayons articulaires supérieurs de l'arrière-main.

ÉPAULE A 45° SUR LA VERTICALE.

Il en sera de même pour l'épaule. Si elle forme avec le bras un
angle de 90°, le jeu de flexion de l'articulation, facilité en avant et en
arrière, permettra au bras et à tout le membre de suivre la direction de

l'épaule et de prendre en avant toute l'extension possible. Cette extension sera d'autant plus soutenue et sans fatigue que les rayons su-

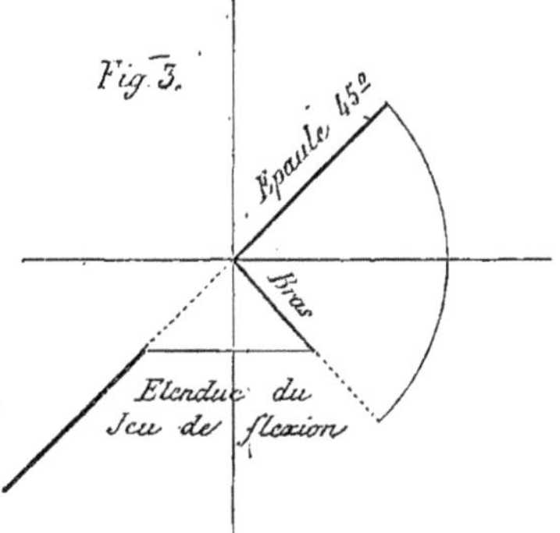

Fig. 3. — Étendue du jeu de flexion.

périeurs, épaule et bras, l'emporteront en longueur sur les rayons inférieurs. — Nous reviendrons sur cette dernière réflexion en parlant de la longueur des rayons.

ÉPAULE PEU INCLINÉE.

Si l'épaule est placée plus en avant et ne s'appuie plus sur la

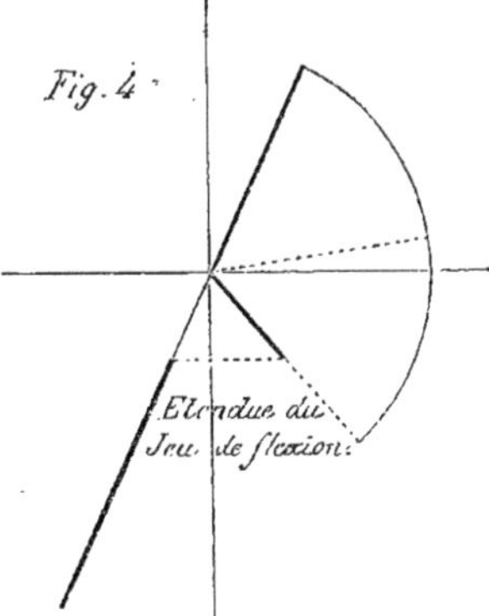

Fig. 4. — Étendue du jeu de flexion

verticale qu'à une inclinaison de 25 à 30°, ou même beaucoup moins, comme il arrive fréquemment dans l'épaule normande, le jeu de flexion sera très limité, ce qui nécessitera, pour obtenir une certaine vitesse, une grande répétition de mouvements et beaucoup de fatigue.

COMPENSATION.

On obtiendra une compensation à ce défaut dans la longueur des rayons supérieurs. Cependant cette direction sera toujours une cause d'infériorité et une gêne pour les mouvements en avant, quelque compensation qui y soit apportée. De là, promptitude de ruine pour les membres antérieurs, chutes fréquentes, etc., si les aplombs ne sont parfaits.

Ainsi donc, le bon emploi de la force d'impulsion dépend de l'inclinaison des rayons et, comme nous l'avons dit en parlant de la hauteur relative entre l'avant-main et l'arrière-main, la plus grande hauteur de l'arrière-main est une condition de force; mais elle n'implique pas pour cela le bon emploi de cette force dans le sens de la vitesse, ce bon emploi résultant du plan sur lequel il se fait.

Nous indiquons par les figures 5, 6, 7, 8 et 9, la direction que peu

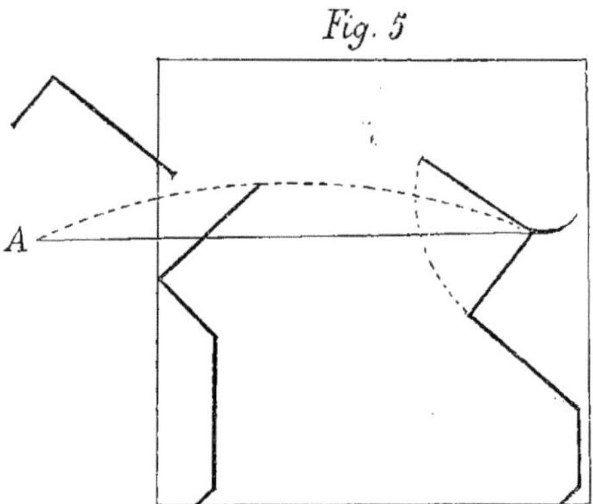

Fig. 5

Fig. 5. — Trop haut d'arrière-main, mais les angles antérieur et postérieur sont bien ouverts à 45° sur la verticale. Grande puissance utilement employée.

suivre la force d'impulsion suivant l'inclinaison des rayons articulaires supérieurs.

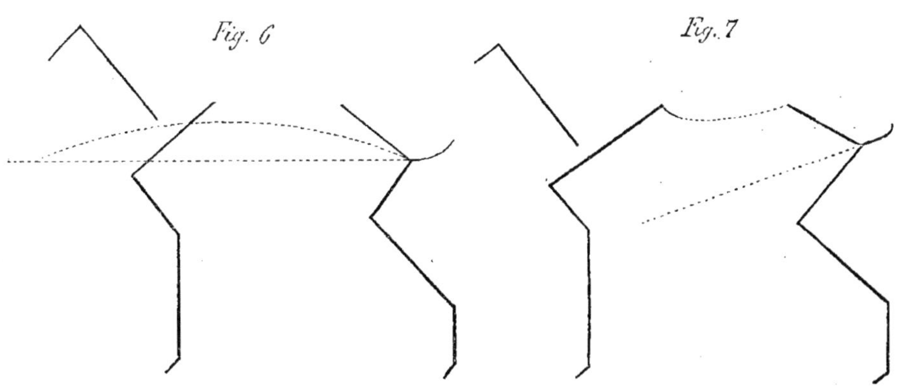

Fig. 6. — Bonne proportion de hauteur entre
l'avant-main et l'arrière-main. L'impulsion a
toujours lieu sur l'horizontale. Grande puissance utilement employée

Fig. 7. — Trop haut d'arrière-main et force
d'impulsion agissant sur un plan incliné.
Mais bonne direction des rayons antérieurs
et compensation apportée par l'avant-main.

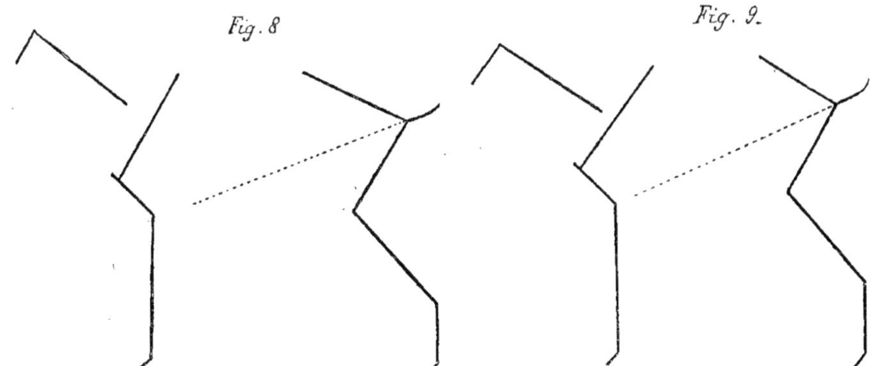

Fig. 8. — Bonne proportion de hauteur entre
l'avant-main et l'arrière-main. Grande puissance des rayons postérieurs fatiguant
l'avant-main, qui ne peut se déployer, vu la
direction presque droite de l'épaule. Donc,
grande puissance paralysée ou mal employée.

Fig. 9. — Trop haut d'arrière-main et corps trop
court avec l'épaule droite. Grande puissance
paralysée par le trop peu de longueur du
corps et la direction de l'épaule.

RAYONS ARTICULAIRES

EXAMINÉS SOUS LE RAPPORT DE LA LONGUEUR.

La longueur des rayons articulaires indique leur puissance, leur force de réaction contre le poids du cheval dans tous ses mouvements sur l'horizontale.

J'ai pris, dès le commencement de ce travail, la longueur de l'épaule comme terme de comparaison pour les harmonies d'ensemble et pour déterminer le sens du mot longueur dans les rayons articulaires.

C'est que, lorsqu'il s'agit de conditions de puissance musculaire propre à la force et à la vitesse, aucun terme de comparaison ne saurait mieux convenir. C'est enfin, qu'après l'avoir expérimenté sur un très grand nombre de chevaux, j'ai toujours trouvé qu'il fournissait une indication très sûre.

J'ai toujours trouvé dans les chevaux à grandes lignes, reconnus pour être très bons, aussi bien dans la race pure que dans les races usuelles, que l'épaule inclinée à 45°, mesurée du sommet du garrot à la pointe qui fait saillie en avant, représentait (pl. III de la longueur) :

1° La longueur du corps, mesurée de la ligne médiale de l'épaule à la pointe de la hanche (pl. III, ligne 2);

2° La longueur de la pointe de la hanche à la pointe de la fesse (pl. III, ligne 3);

3° La longueur de l'encolure;

4° Que, reportée verticalement sur une ligne partant de sa saillie en avant, elle descendait beaucoup au-dessous du genou dans les chevaux qui avaient une très belle épaule (ex. pl. III, etc.);

Qu'elle descendait au-dessous du genou dans les chevaux qui avaient une épaule suffisante;

Qu'elle s'arrêtait au genou dans les chevaux qui avaient l'épaule courte.

DÉFINITION DE L'ÉPAULE LONGUE, SUFFISANTE, COURTE.

Si l'épaule n'est pas inclinée à 45° sur le cheval que l'on examine, il faut alors, pour se rendre compte des proportions d'ensemble, tout en notant qu'elle est trop en avant, lui donner par la pensée la place qu'elle devrait avoir. On se rendra ainsi compte du décousu et de l'inharmonie qui existe dans l'ensemble.

C'est toujours de la place où devrait se trouver l'épaule sur un cheval bien construit que cette mesure doit être prise pour avoir la longueur exacte que doit avoir le corps. Sinon, en mesurant d'après une épaule longue, mais trop en avant, on s'exposerait à trouver le corps trop long par exemple, lorsqu'il n'aurait que la longueur voulue (pl. XXIII); ou bien on le trouverait dans de bonnes proportions lorsqu'il serait trop court. (Revoir le chapitre II pour l'intelligence de cette règle.)

L'épaule courte ne saurait être un terme de comparaison. Dans ce

PL. XX

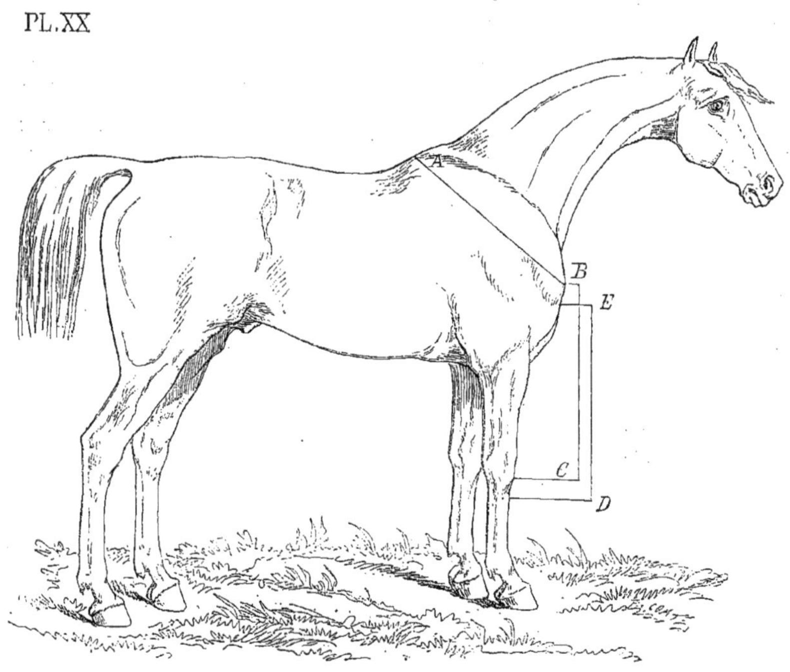

cas, pour obtenir ce terme de comparaison, on mesure la distance totale du sommet du garrot à la pointe de l'épaule et de la pointe de l'épaule au-dessous du genou; on divise cette mesure et sa moitié représente la longueur que l'épaule devrait avoir.

L'esquisse ci-contre (pl. XX) représente une épaule courte, A B, — la preuve qu'elle est trop courte, B C, — puis la mesure A D, — servant à rétablir le terme de comparaison et enfin la place que la pointe de l'épaule E devrait avoir pour que l'épaule soit suffisante.

ÉPAULE COURTE.

PL. XXI

Un autre cheval à épaule courte.

A B, longueur réelle de l'épaule. — Courte; peu de moyens.

A E, longueur qu'elle devrait avoir pour être suffisante.

TRÈS BELLE ÉPAULE.

Terme de comparaison pour un cheval à belles lignes.
Le corps est suffisamment long; on ne peut cependant en juger ici

parce qu'il se présente de trois quarts. La hanche est relativement un peu
courte, mais son défaut de longueur est bien compensé par la direction
des rayons, par l'ampleur de la croupe et des reins, par la force musculaire de la région.

ÉPAULE REMARQUABLEMENT LONGUE.

L'arrière-main n'est pas en harmonie; la hanche est relativement courte et ronde; mais quelle force dans les reins, dans les muscles de

la croupe et des cuisses, dans les jarrets, et quelle belle direction des rayons articulaires !

La longueur du corps l'emporte sur celle de l'épaule, mais il faut remarquer que l'épaule est un peu en avant et ne couvre pas autant le thorax que si elle était inclinée à 45° avec le garrot plus en arrière. Le corps est donc dans de bonnes proportions, la hanche seule est trop courte et l'épaule pas assez penchée. (Revoir la définition de l'épaule longue, etc., p. 40.)

Comme je n'ai pas toujours trouvé la réunion exacte de toutes les proportions comparées à la longueur de l'épaule, j'ai observé que, dans les bons chevaux, elles sont plus ou moins compensées, comme nous l'avons dit ailleurs et comme il est indiqué, par exemple, dans les deux esquisses précédentes. Mais ces compensations mêmes ramènent toujours à la nécessité et à la vérité de notre terme de comparaison.

Sans doute les proportions que j'indique ne sont pas absolues; mais je propose un terme de comparaison qui apprend à *regarder*, à *observer*, à *analyser*. N'est-ce pas dès lors un point de départ suffisant pour celui qui a besoin, dès le début, d'un guide et d'une certaine méthode pour apprendre l'art si difficile d'apprécier les qualités du cheval par l'extérieur?

SOMME DES DEUX LONGUEURS DE L'ÉPAULE ET DU BRAS, COMPARÉE A LA LONGUEUR DU RESTE DU MEMBRE.

J'ai observé aussi que, dans tous les bons chevaux, la somme des deux longueurs de l'épaule et du bras dépassait d'autant plus la longueur du reste du membre, que les chevaux étaient près de terre, puissants et vites. — C'est ce qui m'a fait dire précédemment, en parlant des membres antérieurs, qu'il ne fallait pas accréditer cette idée que les longs membres sont indispensables à la vitesse; ils ne le sont qu'autant qu'ils sont harmonieusement équilibrés entre les différentes longueurs de leurs rayons, qui représentent : du côté supérieur, puissance; du côté inférieur, résistance et force pour l'appui.

Ainsi pour l'avant-main, l'épaule et le bras représentant la puissance auront d'autant plus de facilité à porter le membre en avant et *à soutenir l'extension* (point plus important pour la vitesse que la longueur de l'avant-bras) qu'ils seront sensiblement plus longs et plus musclés. De cette sorte, les membres offriront d'une part d'autant moins de résistance à la projection en avant et d'autant plus de force pour l'appui, qu'ils seront courts avec la proportion d'un avant-bras *long relativement au canon,* mais non absolument long.

Pour l'arrière-main, tous les rayons concourant au déploiement de la force, cette force sera d'autant plus grande que les jarrets seront près de terre, dans la ligne d'aplomb.

OBSERVATION IMPORTANTE. — Mais, encore une fois, *il est évident que l'heureuse réunion (absolue ou par compensations) de toutes les conditions d'harmonie et de puissance dans les ensembles, de direction et de longueur des rayons, ne produira que la vitesse relativement possible suivant l'origine. Le degré d'intensité qu'elle peut atteindre sera déterminé au plus haut degré de l'échelle par la pureté du sang,* — et la plus heureuse conformation pourra d'autant moins utiliser l'harmonie de ses ensembles (au point de vue de la vitesse) qu'elle en sera plus éloignée.

VI

Sᴏᴍᴍᴀɪʀᴇ : Application des études précédentes. — Exemples pris sur divers modèles. — Chevaux de galop, trotteurs, modèles de vitesse. — Exemples de chevaux qui, quoique de bonne origine, ne pouvaient être vites.

Résumé : La vitesse résulte de l'harmonie des ensembles appréciés d'après nos termes de comparaison, ou de l'équivalent apporté par les compensations que nous avons indiquées. (Vitesse relativement possible suivant l'origine.)

Résumons-nous maintenant en examinant quelques types de che-

PL.XXIV

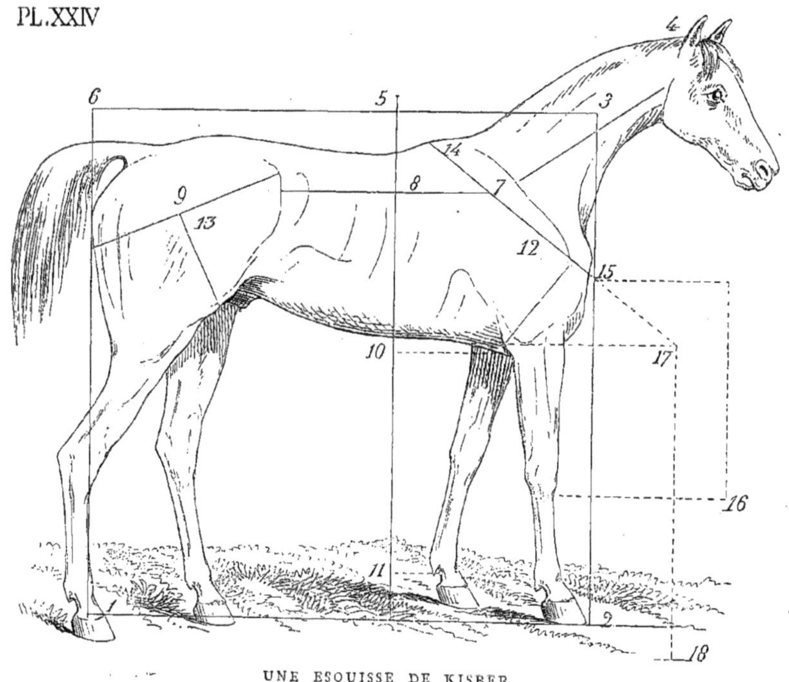

UNE ESQUISSE DE KISBER

vaux vites au galop et au trot, et quelques chevaux qui, quoique de bonne origine, n'ont donné aucune vitesse (pl. XXIV).

1. 2. — Longueur du corps supérieure à la hauteur 2. 3.

4. 5. — 5. 6. — Harmonieux équilibre entre l'avant-main et l'arrière-main.

7. 8. 9. — Harmonieux et puissant équilibre entre les longueurs de l'épaule, du corps et de la hanche.

10. 11. — Hauteur que devrait avoir Kisber par rapport à la distance de sa poitrine à la terre. Donc trop enlevé, trop grêle de membres. — Hauteur harmonieuse entre l'avant-main et l'arrière-main.

Puis devrait suivre l'examen de l'ampleur, qui ne peut être figurée ici, mais que l'étudiant n'omettra pas sur le cheval vivant. On peut mentionner néanmoins que les membres sont trop légers par rapport au volume du corps.

12. — Très bonne inclinaison des rayons, qui sont en même temps très longs.

13. — Excellente inclinaison, puissance et longueur des rayons articulaires postérieurs. — Force et étendue des mouvements facilitées en outre par la longueur du dessous 1. 2.

14. 15. — Longueur de l'épaule qui, reportée sur la verticale à partir de la pointe en avant, descend au-dessous du genou 16.

14. 17. — Longueur réunie de l'épaule et du bras qui, reportée de 17 en 18, est prédominante sur la longueur du membre, mais beaucoup moins que dans le suivant, qui est plus près de terre.

Cheval trop haut et trop léger; membres trop peu résistants pour une si grande puissance, mais construit dans de très bonnes conditions pour la vitesse.

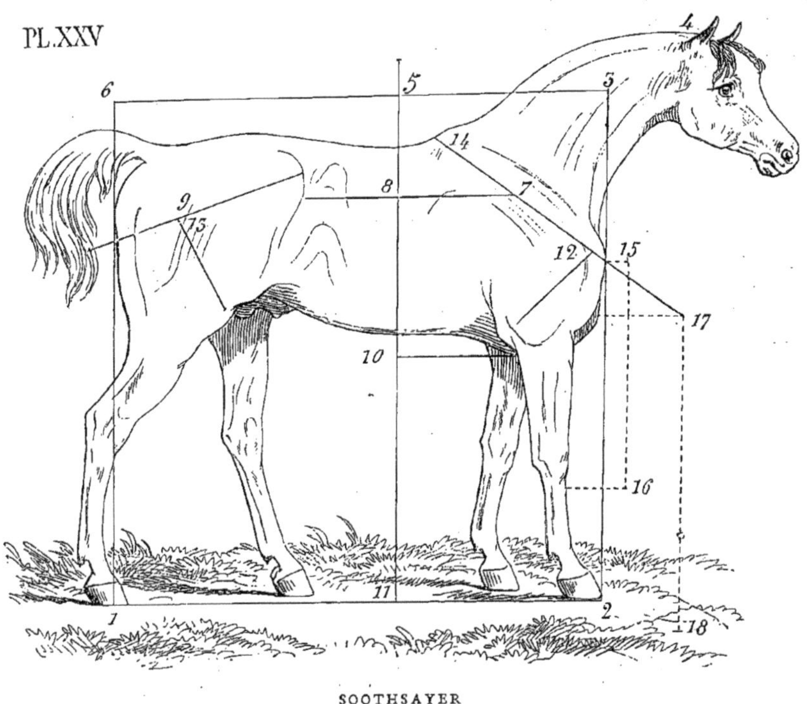

SOOTHSAYER

1. 2. — Longueur du corps supérieure à la hauteur 2. 3.

4. 5. — 5. 6. — Le développement de l'arrière-main n'est pas tout à fait en rapport avec la puissance de l'avant-main.

7. 8. 9. — Harmonieux équilibre entre les longueurs de l'épaule et du corps ; la hanche est relativement un peu courte.

10. 11. — Poitrine près de terre.
Ampleur (avant-main et arrière-main, etc.) : harmonieuse, puissante.

12. 13. — Très bonne inclinaison des rayons ; très longs dans l'avant-main, un-peu courts dans l'arrière-main.

14. 15. — 14. 17. — Très belles longueurs favorisant l'extension et le soutien du membre en avant.

Cheval harmonieux, puissant, belles lignes, belle direction des rayons. Un peu court dans l'arrière-main, défaut compensé par la direction des rayons, par la puissance musculaire de la croupe, par la force des jarrets, des canons et des tendons.

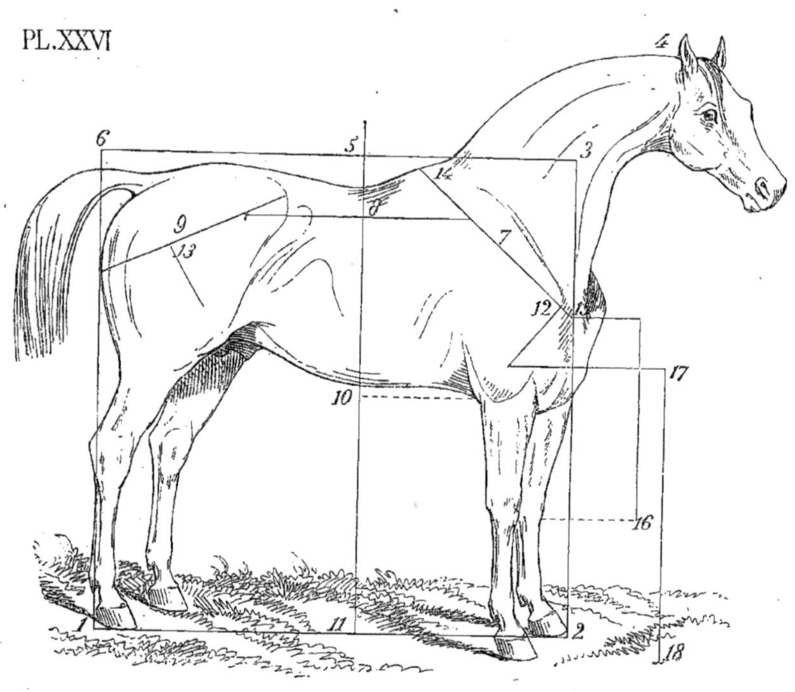

Y. MONARQUE

1. 2. — Pas assez de longueur, est inscrit dans un carré.
4. 5. — 5. 6. — Trop de lourdeur dans l'avant-main.
7. 8. 9. — Épaule et garrot trop en avant, mais épaule longue, corps trop court. Harmonie
de longueur entre la hanche et l'épaule.
10. 11. — Près de terre.
Ampleur, etc. — Membres trop légers pour le dessus.
12. — Angle bien ouvert. — 13. — *Id.*
14. 15. 16. 17. — Longueurs favorisant l'extension et le soutien du membre en avant.

Cheval solidement construit, mais lourd ; trop massif, trop court
dans son corps ; trop léger dans ses membres.

Voici un autre modèle bien différent, *Springfield*

7

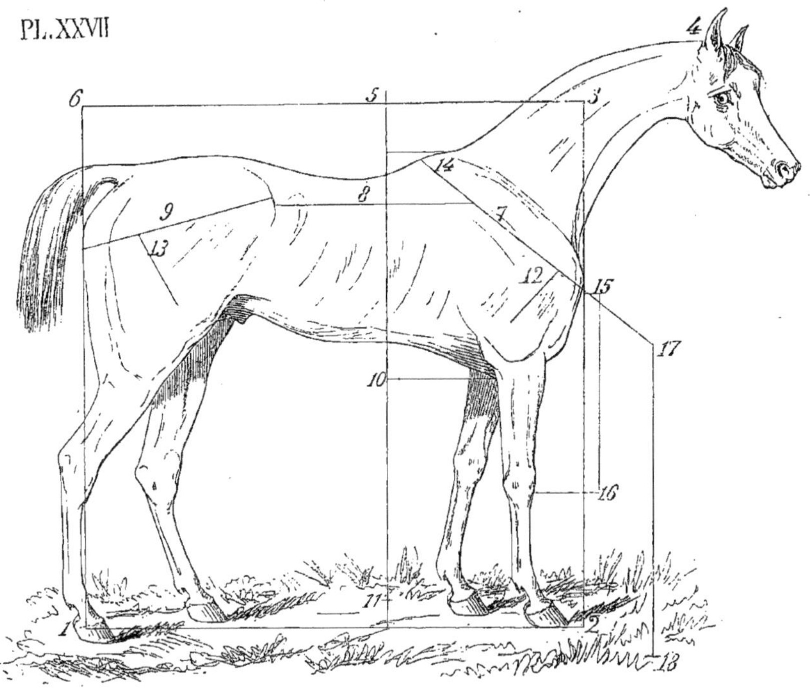

I. 2. — Grande longueur, supérieure à la hauteur 3, favorable à la vitesse dans un cheval
   suffisamment ample, avec un bon dessus.

4. 5. — 5. 6. — Harmonieux équilibre entre l'avant-main et l'arrière-main.

7. 8. 9. — Remarquable harmonie de longueur entre l'épaule, le corps et la hanche.

10. 11. — Un peu loin de terre, jambe trop anglaise.
   Ampleur harmonieuse dans le corps, membres trop légers.

12. 13. — Angles bien ouverts, quoique ne présentant pas une similitude suffisante; trop
   fermé dans l'arrière-main.

14. 15. — Belle longueur et inclinaison de l'épaule; terme de comparaison se rapportant aux
   plus belles lignes.

14. 17. — Grande longueur favorisant l'extension et le soutien du membre en avant.

Modèle d'élégance, de lignes harmonieuses et puissantes; construction des plus favorables à la vitesse. Le manque d'inclinaison de la
hanche est racheté par la longueur, par l'ampleur de la croupe, la force
des cuisses et des jambes; mais les membres sont trop légers, les canons
trop longs, les articulations trop faibles.

PL.XXVIII

BLAIR-ATHOL

1. 2. — Pas assez d'étendue.

4. 5. — 5. 6. — Prédominance de l'avant-main, l'arrière-main est trop basse.

7. 8. 9. — L'épaule est un peu en avant, mais elle est très longue (compensation); similitude entre sa longueur, et celle du corps, et celle de la hanche, qui est très avalée, ce qui raccourcit l'ensemble malgré la longueur des lignes.

10. 11. — Poitrine près de terre.

Ampleur : trop mince d'arrière-main, mais compensation dans la longueur et la direction des rayons de cette région, dans la force des reins et du dos.

12. 13. — Longueur et favorable direction des rayons; l'épaule est néanmoins un peu en avant.

14. 15. 16. — Très longue épaule.

14. 17. 18. — Très grande longueur des rayons supérieurs.

Très longues lignes dans un cheval un peu ramassé et trop haut d'avant-main, mais près de terre et bien membré. Compensations indiquées 7. 8. 9. — Modèle d'un cheval court qui peut néanmoins fournir une vitesse énorme. — Bien étudier les compensations.

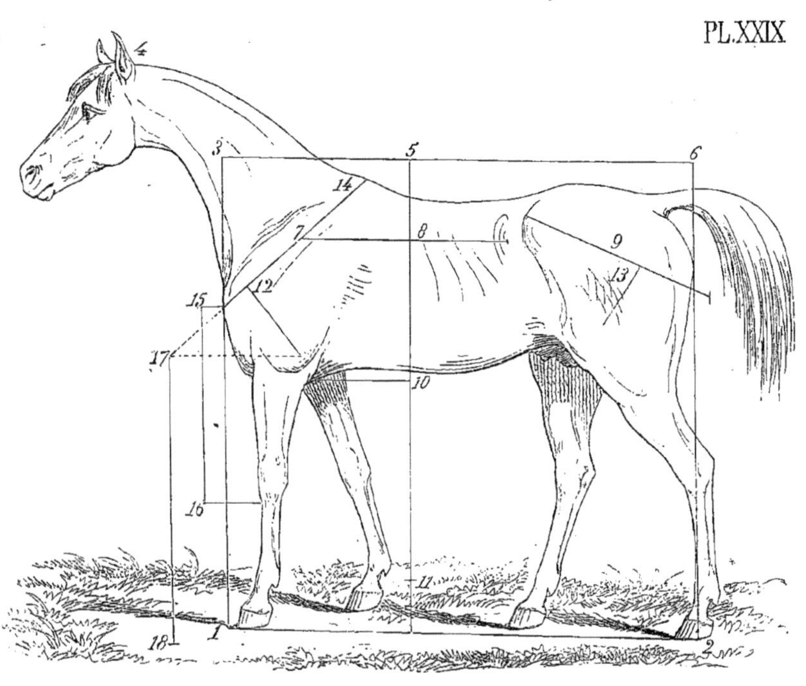

LE PETIT CAPORAL

1. 2. — Longueur supérieure à la hauteur 2. 3.

4. 5. — 5. 6. — Assez d'équilibre entre l'avant-main et l'arrière-main, mais le dos est trop long et mou.

7. 8. 9. — Belle épaule, — dos trop long, — hanches un peu courtes, mais bonne direction favorable à la vitesse.

10. 11. — Poitrine trop loin de terre.

Ampleur : cheval trop mince, trop enlevé, trop léger de membres.

14. 15. 16. — Longueur suffisante. — 14. 17. 18. — Bonne longueur, cependant peu prédominante.

Trop de décousu entre l'avant-main et l'arrière-main ; dos trop long et trop affaissé ; poitrine trop loin de terre ; membres trop légers ; trop mince de partout.

Compensations : lignes et direction des rayons.

TROTTEURS

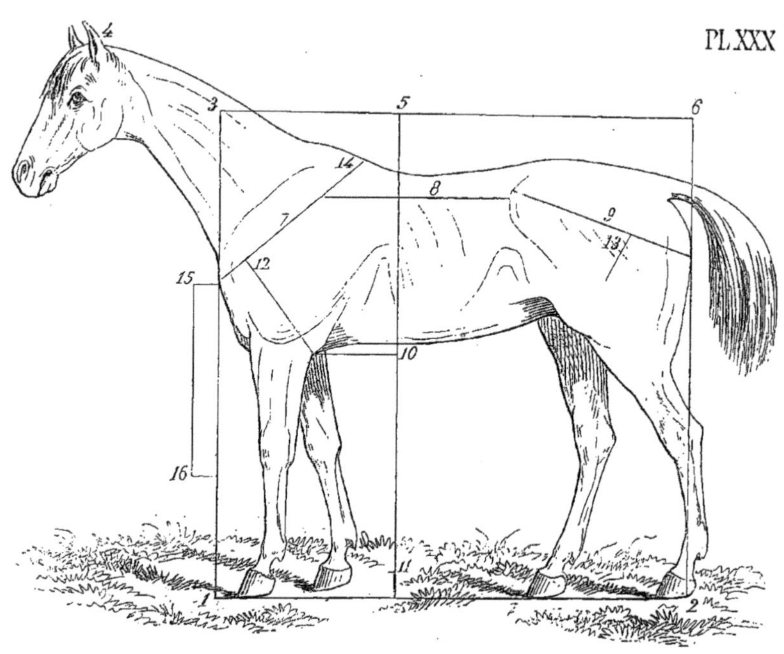

LYCOPODE

Sœur de *Conquérant,* elle était plus vite.

1. 2. — Grande longueur supérieure à la hauteur 2. 3.
4. 5. — 5. 6.— Bon équilibre entre l'avant-main et l'arrière-main.
7. 8. 9. — Lignes remarquables; harmonie de longueur du dos, de la hanche et de l'épaule.
10. 11. — Légèrement loin de terre.
   Ampleur : suffisante comme ensemble et comme rapport du corps aux membres.
12. 13. — Très belle ouverture et similitude des angles.
14. 15. 16. — Très longue épaule et la preuve.
14. 17. 18. —Longueur des rayons supérieurs très prédominante sur la longueur du membre.

Modèle très favorable à la vitesse ; harmonie dans les ensembles, grandes lignes, belle direction des rayons.

PL. XXXI

SERPOLET

Plus court que le précédent en raison de ce qu'il a la croupe ronde et avalée; est remarquable par l'harmonieuse longueur de ses lignes, par la belle inclinaison de ses rayons articulaires supérieurs, par la grande ouverture et la similitude des angles.

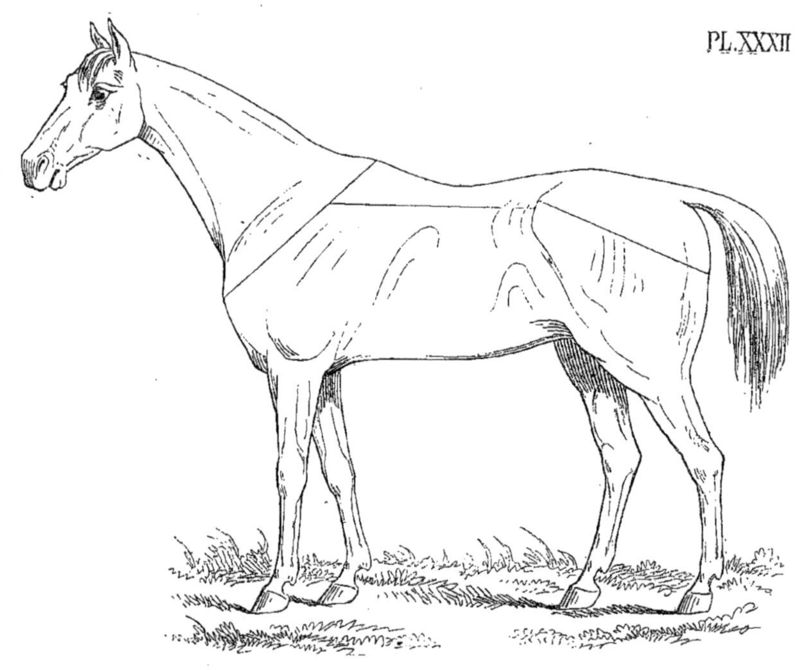

MODESTIE

Modèle remarquable de force propre à la vitesse. Grandes lignes; belle direction des rayons. Harmonieux équilibre d'agilité et de force, de puissance d'impulsion et de facilité pour l'étendue des mouvements.

Du reste, faire l'analyse sur les indications précédentes.

Sang identique à celui de *Modestie*. — N'a cependant pas été vite
en course. Comment aurait-il pu en être autrement avec la faiblesse
relative de l'arrière-main, absolument en désaccord avec les lignes de
l'avant-main et du corps, et le peu d'étendue permise aux mouvements,
vu le peu de longueur de la ligne 1. 2?

PL.XXXIV

Encore une bonne origine qui n'a pas produit de vitesse. Il est maintenant facile d'en indiquer les causes.

MAMBRINO

Je venais de terminer cette étude, lorsque je dus à la gracieuse
bonté du duc de Vicence le dessin représentant *Mambrino*, cheval de
pur sang par *Engineer* et *Dulcinée*.

Mambrino n'éprouva que quatre défaites pendant sa carrière de
courses. L'Angleterre, au rapport de White, lui doit sa plus belle race
de chevaux de carrosse et de trot. D'après l'ouvrage américain
Trotting Register, *Mambrino* avait un trot aussi rapide que brillant.
Son fils *Messenger*, importé à Philadelphie en 1876, fut le fondateur
de la célèbre race de trotteurs américains par dix de ses fils, *Wintrop*,
Ogden's messenger, *Bushmessenger*, *Mount-holly*, *Commander*, *Coriander*,
Hambletonian, *Mambrino*, *Engineer*, *Fagdown*, etc.

Le portrait d'un cheval si célèbre par sa descendance de trotteurs
et de chevaux de pur sang, était au plus haut degré intéressant à étudier.
Je ne saurais cacher ma satisfaction de trouver qu'il s'accorde en tous
points avec la conformation et les proportions que j'ai indiquées comme
étant l'apanage du parfait modèle de l'étalon, qui peut être aussi bien le
reproducteur de sa race que le père d'une famille de trotteurs.

Ainsi *Mambrino*, père de la famille des trotteurs américains, apporte
la meilleure sanction à ma théorie sur les proportions et les compensations; il est en même temps la preuve que je n'énonce rien que d'exact,
lorsque, après avoir étudié la loi génératrice de la vitesse (sous le rapport de la conformation), je dis en traitant des appareillements : — Que
cette loi étant une fois bien connue, on peut dès lors procéder avec
assurance dans le choix de l'étalon et arriver par la suite, ce choix étant
toujours convenablement fait, à créer telle race que l'on voudra; race
d'autant plus vite et à caractère d'autant plus fixe qu'elle sera plus
trempée dans le sang.

(*Voir d'ailleurs la suite de cette étude, qui traite surtout de cette question.*)

Ainsi, dans tous les chevaux vites au galop ou au trot, nous trouvons
que les conditions qui engendrent la vitesse résultent de l'harmonie des

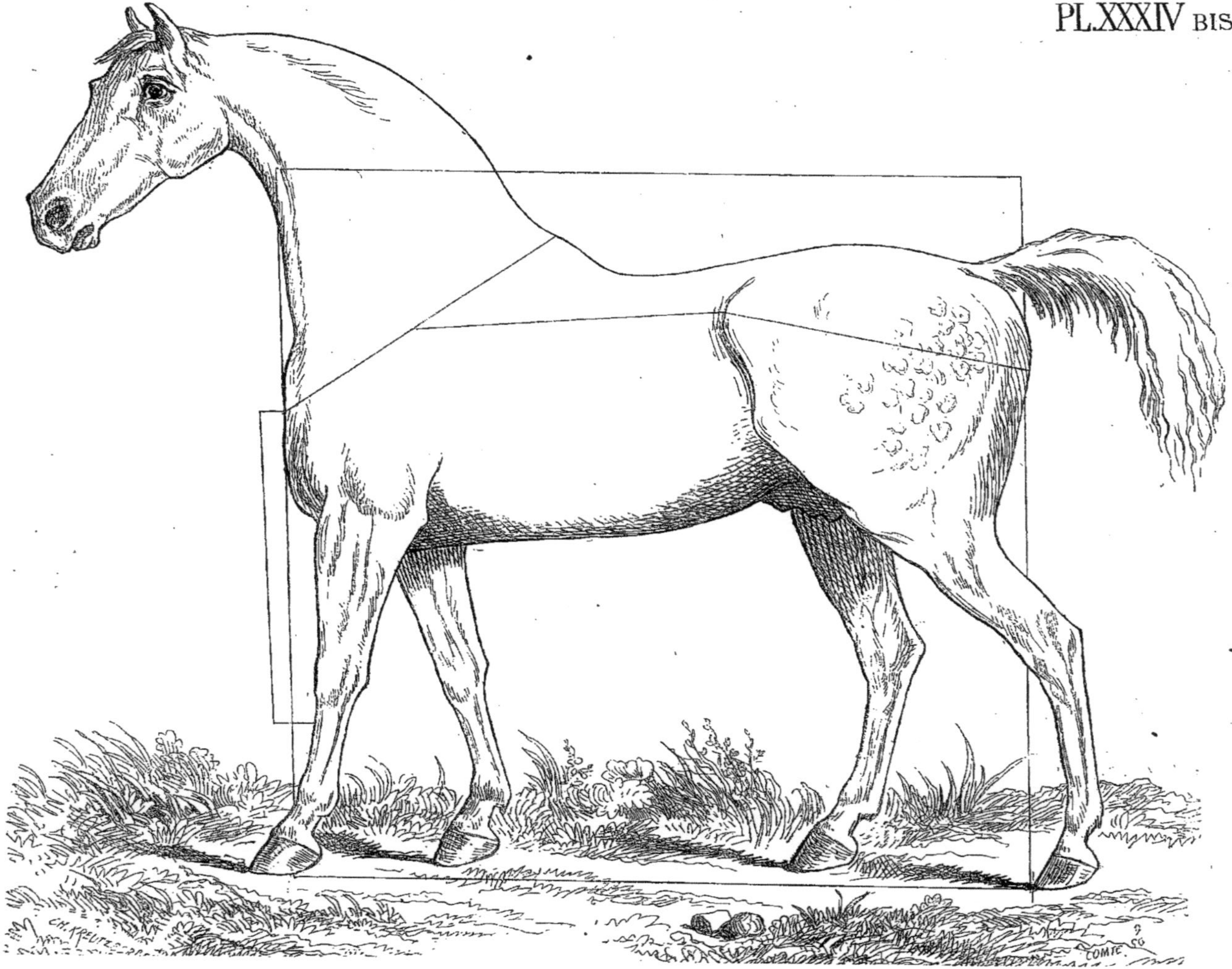

MAMBRINO

ensembles, appréciée d'après nos termes de comparaison, *ou l'équivalent apporté par les compensations que nous avons indiquées;* et que, d'autre part, l'absence de cette harmonie ou de ces compensations prive de la vitesse, au point de vue de la course, les chevaux de la meilleure origine, même dans les familles produisant une spécialité, celle du trotteur par exemple. Il est inutile de multiplier les exemples; on les trouvera à chaque instant sous les yeux.

VII

Sommaire : Application des études précédentes : 1° par l'acheteur ou le commissaire des primes. — Classement des chevaux : cheval de selle, — à deux fins, — carossier, — de trait. — De l'étalon dans chacune de ces divisions, — de la poulinière. — Dans l'achat : se bien pénétrer du but pour lequel on achète ; dans les primes : se bien pénétrer du but à poursuivre. — Examen du cheval à l'écurie. — Examen analytique du cheval placé. — Examen des ensembles, résumé. — Le cheval en mouvement, l'essai : Modèles d'examen de quelques chevaux et poulinières ; types réguliers et irréguliers. — Résumé de la méthode. — Construction de lignes d'après l'épaule prise pour terme de proportion dans un cheval à grands moyens.

Nos termes de comparaison se rapportant aussi bien au cheval de service qu'au cheval de course, galop ou trot, nous allons maintenant nous servir de nos connaissances :

1° En nous plaçant au point de vue de l'acheteur ou du membre d'un jury de primes ;

2° Et c'est là surtout le but que je poursuis dans cette étude, en *traitant des appareillements*.

Ce chapitre nous placera seulement au point de vue de l'acheteur ou du membre d'un jury de primes ; nous consacrerons la deuxième partie de ce travail à l'étude spéciale des appareillements.

L'acheteur, comme le membre d'un jury de primes, aura préalablement à classer le cheval suivant ses différentes aptitudes ; nous les distinguerons :

LE CHEVAL DE SELLE.

La vitesse l'emporte sur la force. — Le cheval de selle doit avoir la tête légère, bien attachée, l'encolure assez longue, le garrot bien accusé et maigre, le dos soutenu; il faut que la selle semble trouver sa place naturellement. La poitrine sera suffisamment développée, plutôt descendue que large, cette dernière conformation étant contraire à la vivacité et à la souplesse des allures au galop. Les jarrets doivent être forts, les pieds excellents.

Dans l'ensemble il devra être suivant les proportions de hauteur, longueur, ampleur ou compensations commandées par son aptitude, selon le poids qu'il aura à porter.

Sa taille moyenne sera de $1^m,58$; on trouve néanmoins des chevaux de pur sang d'une taille beaucoup plus élevée.

Le type du cheval de selle est fourni par les races pures anglaise, anglo-arabe, arabe, et les races légères.

LE CHEVAL A DEUX FINS.

Bon équilibre de force et de vitesse. — $1^m,54$ à $1^m,60$. — C'est le vrai type du cheval de tous les services. — Il doit être fort et agile. — C'est le type de l'excellent cheval de guerre, de chasse, de route, attelé et monté. — De taille moyenne, il excède rarement $1^m,60$. — Il est susceptible de porter un homme pesant et de se bien placer dans le collier pour tirer vivement une lourde charge. C'est en quelque sorte le cheval de selle pouvant porter un très fort poids. En effet, la conformation de tout bon cheval, quelle que soit son aptitude, est celle du cheval de selle avec les modifications de taille et d'ampleur nécessitées par les diverses aptitudes. — C'est le sang surtout qui tranche les aptitudes. — Le cheval à deux fins n'a pas besoin d'avoir autant de sang que le cheval de selle, mais il doit en avoir assez pour être maniable et vif d'allures. Il sera plus solide que brillant, plus résistant que vite. Sa perfection se résume par régularité, ampleur et lignes.

LE CARROSSIER.

Bon équilibre de force et de vitesse dans les grandes tailles de 1^m,60 et au-dessus. — Ce type, dans sa perfection, doit réunir la puissance dans la forme et le brillant dans le mouvement; mais en général la puissance est sacrifiée au brillant.

LE CHEVAL DE TRAIT.

La force domine la vitesse. { Trait léger, et fourni par les races de trait léger, bretonne, percheronne, peut recevoir du sang après avoir été régularisé dans son ensemble. / Trait commun.

Ces deux types peuvent aussi être jugés par notre méthode. La bonne conformation du cheval de trait ne doit pas différer de la régularité de celle du cheval de selle, question de volume et d'ampleur à part. — La recherche des grosses conformations, à l'exclusion de toute régularité, a fait perdre les beaux types de cette race; mais ce n'est pas un motif pour croire que la régularité de la forme soit contraire à l'aptitude. Je n'en veux pour preuve que le portrait du cheval noir d'Angleterre, le plus gros cheval de trait connu et qui est construit en cheval de selle, et enfin les quelques rares spécimens de beaux étalons percherons que l'on rencontre encore de temps à autre et qui étaient assez répandus il n'y a pas plus d'une trentaine d'années.

De l'étalon : A chacune de ces divisions des différentes aptitudes du cheval se rattache la spécialité de l'étalon, qui exige une conformation toujours plus puissante, plus harmonieuse, plus nette que celle que l'on peut demander pour un cheval de service.

L'étalon, dans son genre, quelle que soit son espèce, doit être puissant, harmonieux, net de tares. — La puissance peut être fournie soit par l'harmonie de l'ensemble, soit par l'équilibre apporté par les compensations.

La poulinière : On peut en dire autant de la poulinière, envisagée non seulement au point de vue de la production, mais de l'amélioration. Ainsi, lorsqu'il y aura lieu de l'examiner dans les primes et les concours, on exigera d'elle, indépendamment du plus ou moins de distinction, la netteté de tares et l'ampleur harmonieuse, suivant son espèce et suivant le type que comporte la localité.

Maintenant, comment procédera-t-on dans la pratique? Je vais supposer d'abord qu'il s'agit de l'achat d'un cheval, cas auquel on donne plus particulièrement toute son attention et pour lequel on doit prendre des précautions qui ne sont pas indispensables en d'autres circonstances.

On se pénétrera, avant tout, du but pour lequel on achète le cheval; on ne s'y arrêtera qu'autant que par son ensemble il semblera répondre à ce but; on ne l'achètera qu'autant qu'il y répondra parfaitement.

Cette règle, si simple qu'elle paraisse, est cependant d'une application très rare et explique bien des déceptions tardives. M. de Curnieu fait de son oubli une des causes de ce que l'on voit de peu satisfaisant dans l'emploi du cheval en France. — Toutes les aberrations les plus singulières se présentent en si grande affluence, dit-il, autour de chaque affaire d'achat ou de vente, qu'il faut convenir que jamais, en règle générale, un cheval n'a été acheté, en France, dans les circonstances que nécessite sa destination.

Si, au lieu d'achat, il s'agit de primes, on se placera à un autre point de vue, celui du but à poursuivre suivant la localité.

Quoi qu'il en soit, dans l'un et dans l'autre cas, l'examen du cheval auquel on s'arrêtera portera sur les ensembles que nous avons étudiés. Il sera classé dans son aptitude d'après sa taille, son origine et les ensembles plus ou moins harmonieux de sa conformation.

EXAMEN DU CHEVAL A L'ÉCURIE.

« On aura dû, surtout s'il s'agit d'un achat, examiner le cheval à l'écurie, dans la position qui lui est habituelle; on se sera rendu compte du type auquel il appartient; on aura examiné s'il s'appuie également bien sur les quatre membres (le membre placé dans une position anormale et indiquant une souffrance devra être l'objet d'un examen spécial lorsque le cheval sera vu en main). — On aura aussi examiné le flanc, qui doit être régulier. — Enfin, avant de faire sortir le cheval de l'écurie, on aura examiné les yeux, dont la pupille doit se resserrer sous l'influence de la lumière, son diamètre constant dénotant une grande faiblesse de vue. — Pour terminer, on aura regardé les dents pour connaître si elles ne sont pas usées ou ébréchées par le tic. — On se sera rendu compte de la taille. C'est après cet examen préalable que le cheval doit être vu en main et placé. » (Capitaine Rivet.)

On prend alors le signalement, puis on examine le cheval de face, de profil, de trois quarts, d'arrière en avant, en en faisant lentement le tour à mesure que l'on analyse par le détail l'opinion que l'on va s'en former. — Chaque région est examinée. Je rappellerai simplement ici que dans son ensemble :

EXAMEN ANALYTIQUE.

La tête peut être proportionnée, belle, expressive, lourde, commune, sans expression, trop grosse, trop petite, etc. C'est dans la tête que résident surtout les indications d'une force qu'il serait bien important de connaître, le caractère. — Comment le cheval utilisera-t-il les éléments plus ou moins riches de sa valeur? Sera-t-il généreux ou rétif, ardent ou froid, peureux ou hardi, soumis ou indépendant, calme ou irritable? Autant de questions très importantes à résoudre.

On s'arrête peu, en général, à cette étude du caractère par la physiognomonie. Je crois qu'elle aurait sa grande utilité. Je ne puis ci qu'en signaler l'objet, tout en engageant à n'omettre aucune occasion de faire des comparaisons et des annotations, en étudiant les différentes têtes de chevaux connus pour leur franchise ou leur indocilité.

En général, une tête trop petite dénote souvent un caractère indocile, difficile à prendre.

Une tête osseuse et trop forte avec des maxillaires très développés appartient généralement à un sujet plus lymphatique que sanguin.

Une tête dont le front est étroit, noueux, l'œil sombre et brillant sous des sourcils contractés, indique souvent la méchanceté, la rétivité.

En général, les fronts plats marquent l'amour de l'indépendance.

Les fronts étroits et plats manquent d'intelligence.

Une tête bien proportionnée, bien en harmonie avec l'ensemble, est une beauté. — L'oreille doit être droite, l'œil beau, assez à fleur de tête, bien limpide, bien ouvert, franc. — Le front assez large et un peu bombé (mémoire, comparaison, bienveillance), les mâchoires moyennes, les naseaux bien ouverts. — On peut augurer le meilleur service d'un cheval portant une telle tête.

L'encolure : peut être proportionnée, courte, épaisse, longue, mince, renversée, droite, rouée, etc.

Le garrot : bien sorti, empâté, noyé, sec, tranchant, élevé, bien placé, trop en avant, etc.

L'épaule : bien placée, trop en avant, droite, courte, grosse, ronde, maigre, émaciée, etc.

La poitrine : bonne, ample, puissante, étroite, près de terre; la côte courte, ronde, longue; le passage des sangles plus ou moins accentué, etc.

Le dos : soutenu, large, musclé, long, court, bas, mou, maigre, etc.

Le rein : *id.*

Le flanc : court, long, creux, retroussé, régulier, agité, etc.

La croupe : puissante, faible, courte, longue, ronde, droite, avalée, etc.

La hanche : longue, inclinée, anguleuse, maigre, effacée, serrée, etc.

La queue : attachée haut, bas, bien, mal.

Le bras : musclé, court, long, etc.

Les coudes : serrés au corps, loin du corps, dans la ligne d'aplomb, effacés, peu développés.

L'avant-bras : long, court, musclé, grêle, émacié.

Les genoux : larges, petits, creux, déviés, près de terre, loin de terre, nets, tarés, etc.

Les canons : forts, grêles, courts, longs, nets, tarés, etc.

Les tendons : forts, bien détachés, faillis, nets, tarés, etc.

Les boulets : larges, forts, petits, ronds, faibles, nets, tarés, etc.

Les paturons : longs, courts, forts, faibles, bouletés, nets, tarés, etc.

La couronne : nette, tarée.

Les pieds : solides, proportionnés, altérés, déviés, petits, grands, plats, encastelés; corne sèche, friable, bonne, mauvaise.

Cuisse et rotule : longue, courte, musclée, maigre, émaciée, etc.

Jambe : longue, courte, musclée, maigre, étroite, etc.

Les jarrets : étroits, faibles, larges, bien soudés, gras, empâtés, coudés, droits, hauts, près de terre, déviés, secs, nets, tarés, plus ou moins dans la ligne d'aplomb.

Les canons, etc., mêmes observations que pour la partie antérieure.

Après cet examen analytique, on fera l'examen des ensembles, ou la synthèse réunissant plus ou moins harmonieusement tous ces détails.

On résumera son opinion en indiquant les parties saillantes comme beautés ou défauts dans les détails et les ensembles; les compensations. On classera l'aptitude et l'on notera la convenance comme étalon ou comme poulinière, s'il s'agit d'un choix de cet ordre.

A cet examen en place succède celui du cheval en mouvement, au pas et au trot. « A cet effet, on se placera dans le même plan que lui, de manière à le voir aller et venir en se rendant bien compte de la régularité de ses aplombs antérieurs et postérieurs; de la régularité et de la beauté de ses allures. — On le fait ensuite reculer. Le cheval immobile ne recule pas ou traîne l'arrière-main. » (Capitaine Rivet.)

On terminera cet essai par l'examen du cheval attelé et monté. « La meilleure épreuve est, après avoir vu le cheval au pas, de le présenter en face d'une montée; s'il s'y embarque franchement et à un bon trot, s'il descend ensuite librement au petit galop, s'il passe devant son écurie sans s'arrêter, on a bien des chances de faire une bonne acquisition. » (Capitaine Rivet.)

On fera aussi partir au pas, à une légère montée, le cheval attelé; il devra se montrer franc, sans impatience, et se mettre sagement dans le collier. Ensuite on le fera trotter.

Il est encore d'une bonne précaution pour éprouver le caractère du cheval soit attelé, soit monté, de le faire passer près de quelque objet d'apparence singulière ou d'un gros volume. On se repent souvent de n'avoir pas usé de cette petite expérience. Enfin, après ces épreuves, on examinera une dernière fois le flanc.

Mais tout ce travail, qui prendra un assez long temps d'abord, se fera peu à peu plus rapidement. Certes, on dirigera toujours son examen sur toutes les parties indiquées et l'on devra suivre la méthode d'analyse et de synthèse; mais on arrivera bientôt à l'appliquer par intuition, si je puis dire, malgré qu'aucun détail de l'examen ne doive jamais être supprimé. De cette sorte, l'habitude d'une méthode toujours strictement suivie garantira contre l'oubli et le laisser-aller, qui peu à peu engendrent la routine et l'ignorance.

Pour nous résumer, examinons quelques types de chevaux et de poulinières.

Quoiqu'il ne soit question ici que d'établir un jugement d'après la forme extérieure, je crois cependant devoir encore rappeler que, pour bien asseoir ce jugement, il faut toujours réunir toutes les données que l'on peut avoir à sa disposition. Si, par exemple, il s'agit d'un cheval de course, il devra, pour que ses qualités répondent à sa conformation, être d'un sang remarquable soit par le fonds, soit par la vitesse, soit par ces deux qualités réunies; il aura dû être bien élevé, suivant que l'exige sa race; il devra être en bonne condition au poteau; car l'absence ou la réunion de ces conditions d'origine, de bon élevage, de bon dressage suivant l'espèce, apportent leurs compensations heureuses ou fâcheuses et doivent toujours être notées, tout en descendant l'échelle des aptitudes, depuis le cheval de course jusqu'au cheval de trait. C'est la réunion de tous les points essentiels qui seule peut faire le grand cheval; de même que l'absence de quelques-uns de ces points peut expliquer le triomphe de médiocrités sur des sujets présentant des beautés incontestablement supérieures, mais mal équilibrées.

PL. XXXV

MODÈLE DE CHEVAL A DEUX FINS

Équilibre de force et de vitesse au point de vue du service.

Signalement, etc.
Analyse :
Tête : intelligente, bien attachée.
Encolure : légère.
Garrot : bien sorti.
Dessus : bon.

Poitrine : bonne, un peu loin de terre, mais est en service, presque entraîné.
Épaule : longue, sèche, bien penchée.
Bras : musclé, long.
Coudes : développés, bien détachés.
Avant-bras : longs, nerveux.

Genoux : larges, près de terre.

Canons et tendons : courts, très forts, bien détachés.

Articulations : larges, fortes.

Pieds : bons.

Croupe : légèrement avalée, queue bien attachée.

Hanches : longues, bien inclinées.

Cuisse : un peu courte, mais musclée.

Jambe : longue, musclée.

Jarrets : osseux, forts, nets.

Canons, etc. : rien de particulier, en comparaison avec ces mêmes parties annotées dans l'avant-main.

Ensembles :

Corps . . . .
{ Hauteur . .
Longueur. .
Ampleur . .
L. et d. des rayons art. }
Cheval mal placé pour être vu sous le rapport de l'harmonie des deux premières proportions, il paraît trop haut en raison de ce qu'il est vu de trois quarts par l'arrière-main, ce qui le raccourcit beaucoup; mais on peut apprécier l'ampleur et la force de la charpente, la longueur et la direction des rayons articulaires supérieurs, l'harmonieuse proportion de l'avant-main et l'arrière-main.

Membres. . .
{ Aplombs. .
Force . . .
Netteté . . }
Bons aplombs; jambes un peu longues, mais nerveuses et solides; genoux et jarrets près de terre.

Puis on devrait examiner le cheval en mouvement.

Résumé :

Beautés : trempe excellente, remarquable harmonie de force, d'ampleur, de vigueur, de facilité de mouvements.

Défauts : un peu enlevé, bras grêles.

Compensations : solide nature des os et des tendons; beautés énumérées.

Aptitude : modèle de l'excellent cheval à deux fins.

Convenance (n'est pas jugé comme étalon).

Puis viendrait l'essai.

PL.XXXVI

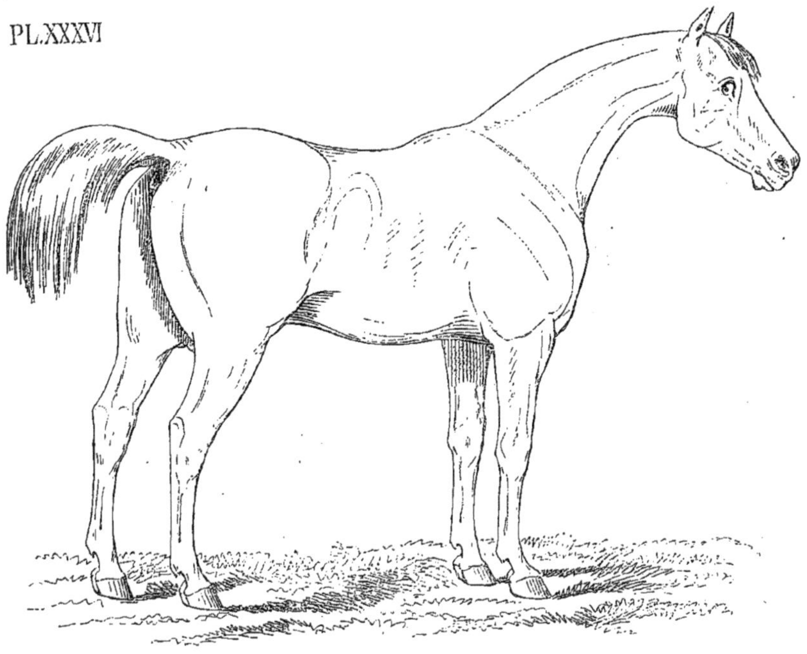

2ᵉ MODÈLE : UN CARROSSIER

Autre équilibre de force et de vitesse dans un carrossier.

Analyse :

Tête : bonne, un peu forte.

Encolure : bien sortie, rouée.

Dessus : soutenu.

Poitrine : suffisante, passage des sangles accentué.

Flanc : bon.

Épaule : bien penchée, longue.

Bras : musclés.

Coudes : bien détachés.

Avant-bras : musclés, assez longs.

Genoux : larges, forts, assez près de terre.

Canons : courts, forts.

Tendons : détachés, forts.

Articulations : larges, solides.

Paturons : bons.

Pieds : bons.

Croupe : bonne direction.

Hanche : longue, bien inclinée.

Cuisse : musclée.

Jambe : musclée, forte.

Rotule : développée.

Jarrets : larges, secs, forts, nets.

Canons : rien de particulier à noter en comparaison avec ces mêmes parties dans l'avant-main.

Harmonies d'ensemble.

Corps . . . .
{ Hauteur . . } Beaucoup d'harmonie dans les ensembles. Annonce la puissance et l'agilité dans la spécialité de son aptitude.
{ Longueur. . }
{ Ampleur . . } Rayons longs et bien inclinés, angles articulaires bien ouverts.
{ Rayons. . . }

Membres. . . | Aplombs . . | Bons.
Force . . . | En rapport avec le poids du corps, genoux et jarrets suffisamment près de terre.
Netteté . . . | Nets.

Allures :

Résumé : très bon modèle; récapitulation ci-dessus.

Aptitude : carrossier.

Convenance : excellent étalon carrossier.

PL. XXXVII

MODÈLE DE FORCE DOMINANT LA VITESSE

Analyse :
Tête : bonne, expressive.
Encolure : bien placée.
Dessus : soutenu.
Poitrine : un peu loin de terre, côte courte.

Flanc : court, bon.
Épaule : musclée, bien penchée.
Bras : musclés, puissants.
Coudes : bien détachés.
Avant-bras : musclés, larges.

Genoux : larges, bien développés.
Canons : forts.
Tendons : *id.*
Articulations : nettes, solides, larges.
Paturons : courts.
Pieds : bons.
Croupe : haute et ronde, musclée, large.

Hanches : inclinées, mais courtes.
Cuisse : très musclée, puissante.
Jambe : *id.*
Rotule : développée.
Jarrets nets, osseux, puissants.
Canons (comparer avec ces mêmes parties dans l'avant-main).

Ensemble :

Corps . . . . { Hauteur . . Longueur. . Ampleur . . Rayons . . } Un peu enlevé, mais puissant et régulier dans sa masse.

Membres. . . { Aplombs. . Force. . . . Netteté. } Bons. Nets et bien en harmonie avec la masse et la puissance du corps.

Résumé :

Beautés : le volume, l'ampleur, la puissance musculaire, bonne tête, bonne épaule, bons membres, assez bon dessus.

Défauts : croupe haute et ronde, hanche courte, poitrine un peu loin de terre.

Compensations : puissance générale et beautés mentionnées.

Aptitude : cheval de gros trait.

Une poulinière de la plaine de Caen, aux primes d'Argences. (Examen au point de vue des primes.)

1º Le but : la prime à donner. — Quel est le type que comporte la localité? — Dans le cas présent, c'est le type carrossier fort et distingué qui doit être encouragé.
2º Examen à l'écurie. — (Ne peut avoir lieu.)
3º Examen de la jument placée. — Signalement.

Performances : a produit des étalons, est suitée d'un bon poulain.

Analyse des régions :
Tête : bonne, bien attachée.
Encolure : longue, bien sortie.
Garrot : accusé.
Dessus : soutenu.
Poitrine : près de terre.
Épaule : penchée, longue.
Bras : musclés.
Coudes : développés, bien détachés.
Avant-bras : larges, musclés.
Genoux : très forts, près de terre.
Canons : courts.

Tendons : bien détachés, forts.
Articulations : fortes, mais communes dans les attaches inférieures.
Paturons : trop courts.
Pieds : bons.
Croupe : forte, bonne inclinaison.
Hanche : longue, bien inclinée.
Cuisse }
Jambe } fortes, musclées.
Jarrets : très forts, un peu coudés, communs et lourds comme les attaches inférieures.
Canons, etc.

Harmonies d'ensemble :

Corps . . . . Hauteur . . / Longueur. . / Ampleur . . / Rayons. . . : Harmonieuse symétrie de ces proportions ; belles lignes, longueur des rayons articulaires supérieurs, angles bien ouverts. — Bonne proportion d'ampleur entre l'avant-main et l'arrière-main. — Sauf le commun des membres, modèle de force, d'ampleur et de distinction.

Membres. . . Aplombs. . / Force . . . / Netteté . . : Bons, sauf jarrets un peu coudés. Membres nets, très forts, trop lourds, trop communs.

Allures : très bonnes.

Résumé :

Beautés : lignes, ampleur, force, distinction.

Défauts : trop courte dans les jointures, jarrets coudés, commune dans ses attaches inférieures.

Compensations : origine, beauté générale.

Convenance : poulinière de premier ordre si les membres annonçaient plus de sang et si les jarrets étaient dans une meilleure ligne d'aplomb.

Ainsi, comme nous l'avons dit, et comme on s'en aperçoit par ces analyses où les appréciations semblent être presque identiques pour des chevaux harmonieux dans leurs ensembles, ce n'est que le sang, l'ampleur et le volume qui distinguent les aptitudes. A part cela, le modèle du bon cheval harmonieux et puissant est toujours le même, celui du cheval de selle plus ou moins grandi et grossi.

RÉSUMÉ DE LA MÉTHODE PRATIQUE.

1° le but. . . Acheteur : — que veut-il ?
Membre d'un jury : — où opère-t-il ; quel type comporte la localité ?

2° Examen à l'écurie. . . Ensemble. Membres. Œil — flanc. Sortie de l'écurie — œil — dents.

3° Examen du cheval placé. Taille — signalement — classification suivant l'aptitude. Analyse des régions vues de face, de profil, de trois quarts, d'arrière en avant. Ensembles . Corps : — hauteur, longueur, ampleur. Rayons. Membres : — aplombs, force, netteté.

4° Le cheval en mouvement . Au pas, au trot, en main.

Résumé : Beautés, défauts, compensations, aptitude, convenance.

5° L'essai — attelé, — monté.

CONSTRUCTION DE LIGNES
D'APRÈS L'ÉPAULE PRISE POUR TERME DE PROPORTION
DANS UN CHEVAL A GRANDS MOYENS.

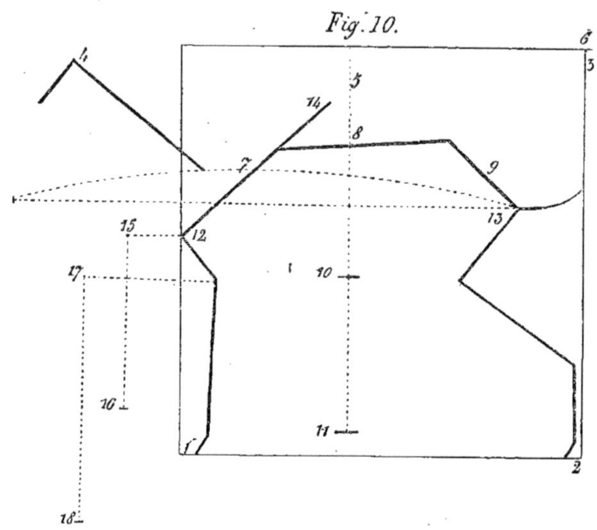

Fig. 10.

1. 2. Longueur du corps. — Étendue des mouvements.

2. 3. Hauteur du corps. — Inférieure à la longueur.

4. 5. — 5. 6. — Harmonieux équilibre entre l'avant-main et l'arrière-main.

7. 8. 9. — Harmonieux équilibre entre les longueurs de l'épaule, du corps et de la hanche,

10. 11. — Hauteur voulue par rapport de la distance de la poitrine à terre.

12. 13. — Très bonne inclinaison des rayons articulaires supérieurs.

15. 16. — Longueur de l'épaule, qui, reportée sur la verticale à partir de sa pointe en avant, descend au-dessous du genou.

17. 18. — Longueur réunie de l'épaule et du bras. Très prédominante sur la longueur du membre.

DEUXIÈME PARTIE

DES APPAREILLEMENTS

I

Notre étude sur les appareillements se trouve maintenant singulièrement simplifiée. Nous avons désormais une méthode pour juger le cheval par les ensembles, le classer, connaître ses irrégularités, ses défectuosités, et juger sainement des compensations qui peuvent y être apportées.

Nos recherches auront un guide assuré, suivant le but que nous nous serons fixé de produire le cheval de vitesse, le trotteur, le cheval de luxe ou de guerre, ou bien d'améliorer les races inférieures appelées à fournir le nombre et peu à peu la qualité.

Établissons de suite des axiomes généralement reconnus et confirmés par les faits :

1° « Comme le mâle et la femelle fournissent chacun leur contingent à la formation de l'embryon, il est raisonnable de présumer que l'un et l'autre seront représentés en lui, ainsi que la nature nous le fait voir. Mais comme la nature de l'embryon dépend entièrement de la mère, l'on peut s'attendre à voir la santé du produit et sa force de constitution plus d'accord avec l'état de la mère qu'avec celui du père. Cependant, puisque le père fournit une moitié du germe primitif, il n'est pas étonnant qu'à l'extérieur et dans l'ensemble on retrouve jusqu'à un certain point son fac-similé » (traduction Lagondie du *British rural sports*).

L'observation faite par Delafont Poulotti complète cet axiome fourni par Stonehenge dans le *British rural sports*. — Le poulain ressemble à son père par les extrémités, et à sa mère par le corps et le tempérament. Ainsi le mulet d'âne et de jument a la tête courte de l'âne, les oreilles longues, les jambes sèches, le pied de l'âne, la queue presque nue ; il tient de la mère la taille et la grosseur du corps.

Le mulet de cheval et d'ânesse a la tête plus longue, plus mince que l'âne, les oreilles courtes, les jambes plus fournies, la queue garnie de crins ; — le dos de carpe et la croupe pointue de l'ânesse ; il est moins grand que le mulet.

2° Les qualités acquises se transmettent, qu'elles proviennent du père ou de la mère. Au physique comme au moral, le semblable produit son semblable, ou la ressemblance de quelque ancêtre.

3° Plus le sang est pur, c'est-à-dire moins mélangé, plus il a de chances pour être transmis sans altération à la progéniture. Il s'ensuit que les produits rappelleront le plus celui de leurs parents dont le sang est le plus pur. Si c'est l'étalon qui est le mieux choisi, et dont le sang est le plus pur, il exercera plus d'influence que la femelle, l'inverse arrivera si c'est le sang de la femelle qui est le plus pur.

Par la même raison, celui des parents dont la race est la plus ancienne et la mieux confirmée aura une influence dominante sur le produit (amélioration souvent retardée par cette cause).

4° L'influence de la première fécondation semble s'étendre aux suivantes; cela a été prouvé par plusieurs expériences et se remarque particulièrement dans l'espèce chevaline. (C'est ce qui peut expliquer souvent ces grands écarts dans la production d'une même jument; écarts causés bien des fois par l'indécision de l'éleveur qui emploie tantôt un étalon, tantôt un autre, sans étude préalable suffisamment raisonnée.)

DES DIFFÉRENTS MODES DE REPRODUCTION.

« En liberté, les animaux s'accouplent suivant certaines lois instinctives qui assurent la permanence des espèces et en maintiennent les caractères propres.

« Pour les animaux domestiques, l'homme intervient et fait de leur production une opération compliquée, un art. Il n'a plus simplement en vue la conservation d'une espèce, sa continuation telle quelle; il veut modifier les animaux qu'il a sous la main, leur donner des formes, des aptitudes différentes; puis, enfin, ses efforts tendent à perfectionner et à conserver les conquêtes qu'il a obtenues sur la nature elle-même. De là des combinaisons d'alliances entre les animaux, des procédés divers pour les reproduire. » (Gayot, *Études hippologiques*.)

Ces divers procédés sont : l'accouplement par sélection; — les croisements.

DES APPAREILLEMENTS.

Dans l'accouplement par sélection comme dans le croisement, il est une direction à suivre, sans laquelle on ne peut rien espérer de bon dans le résultat que l'on poursuit. Il faut savoir appareiller la jument et l'étalon.

L'art des appareillements repose sur la connaissance des beautés et des défauts des éléments reproducteurs. Ce n'est que par une étude approfondie des harmonies d'ensemble que l'on peut réellement connaître ces beautés et ces défectuosités; c'est par les ensembles que l'on doit procéder dans les appareillements, et non par les détails. Nous allons donc mettre à profit nos précédentes études.

Nous étudierons les appareillements d'une manière spéciale dans chacun des modes de production.

ACCOUPLEMENT PAR SÉLECTION.

C'est l'accouplement des animaux d'une même race, soit en vue de l'améliorer par un choix des sujets les moins altérés si l'on agit sur une race abâtardie, soit en vue de conserver les qualités obtenues dans une sous-race créée par des croisements successifs, soit en vue de reproduire la race pure, en la perpétuant en elle-même sans aucun mélange avec aucune race.

Cette méthode est donc usitée aussi bien dans les races secondaires que dans les races pures.

LA SÉLECTION DANS LES RACES PURES.

Il se présente deux méthodes dans l'accouplement de ces races :

1° Les unions en dedans ou la consanguinité;

2° Les unions en dehors qui consistent à unir entre eux deux individus de filiation différente dans la grande famille de pur sang.

Quand je dis de filiation différente, j'entends qu'elle est éloignée d'un certain nombre de degrés, car en recherchant un peu loin dans l'origine, on retrouve bientôt les mêmes courants de sang, conséquence des éliminations qui ont toujours été faites, dès l'origine de la race, des sujets n'ayant marqué sur l'hippodrome ni par eux-mêmes, ni par leurs descendants.

1° LES UNIONS EN DEDANS, OU LA CONSANGUINITÉ.

La consanguinité ou union en dedans est l'union de deux animaux de même famille en ligne directe.

Cette méthode a ses partisans et ses détracteurs.

Étudions ses avantages et ses inconvénients, et ne concluons qu'en pleine connaissance de cause.

La consanguinité est un élément d'action; Aristote le recommande; le duc de Newcastle conseille de faire couvrir par leur père les jeunes cavales issues d'un premier croisement.

Le *British rural sports* le conseille dans une certaine mesure. On observe que l'âne se maintient dans son type dans le Poitou par les effets de la consanguinité.

C'est par la consanguinité que Colling et Bakwell ont créé les races de moutons de Dishley et les bœufs de Durham.

Smith dans ses remarques sur l'élève des chevaux dit :

« Un grand nombre de nos meilleurs chevaux descendent, dans les deux lignes, de la même race noble. Nous devons donc, autant que possible, allier nos meilleures familles entre elles et choisir même pour les accouplements les individus dont les degrés de parenté sont les plus rapprochés. *Rachel,* mère de *Highflyer,* était fille de *Blanck* et petite-fille de *Regulus,* l'un et l'autre fils de *Godolphin, Arabian* et tant d'autres, etc. »

Huzard fils fondait toute sa méthode des substitutions de races sur la consanguinité, il vient encore ajouter l'autorité de son nom à celle des partisans de ce procédé de reproduction.

Relevons maintenant les opinions contraires. Dans la traduction anglaise de M. de La Gondie, où il est traité du cheval de course avec tant de soin, que presque tout y est à citer, nous lisons : « Dans l'élève des chevaux de course, on trouve qu'en continuant le même courant au delà de deux alliances, on détériore la constitution, on diminue la charpente osseuse, on abaisse la taille, etc. »

Le commentateur du livre de M. de Newcastle repousse formellement la consanguinité. « Il est démontré, dit-il, que pour éloigner la dépravation des races il faut rejeter les parents, et qu'un cheval couvrant sa production, fût-elle la meilleure possible, il n'en résulterait jamais un poulain aussi beau que si les souches eussent été étrangères l'une à l'autre. Et si l'on continuait cette race, elle serait totalement défectueuse avant la troisième génération et n'aurait plus que les vices du tronc dont elle serait sortie sans en posséder une seule qualité. »

Buffon, Bourgelat, Préséau de Dompierre, Demoussy, sont de cet avis. Maints exemples appuient leur théorie et semblent leur donner raison.

Écoutons encore à ce sujet M. Gayot (*Études hippologiques*) : « La consanguinité peut être un bien, elle peut aussi être un mal; c'est une arme à deux tranchants. Elle peut être une faute et un danger, et mener droit à la destruction des mérites que l'on voudrait incruster dans la race.

« Elle peut, dans quelques cas donnés, fixer des qualités, des formes nouvelles, des caractères fugaces, en quelque sorte accidentels.

« Cette faculté d'agir en bien ou en mal tient à la loi d'hérédité, agissant à puissance cumulée, ainsi que deux forces parallèles appliquées dans le même sens. »

Ce moyen, quoi qu'il en soit, présente donc de graves dangers, et si l'on ne perd pas de vue que le point fondamental dans son emploi exige l'exclusion rigoureuse de tout défaut et l'alliance des qualités les plus élevées de la race, application pratique d'une difficulté presque absolue, on se rangera sans doute à cette opinion que la méthode de l'accouplement par consanguinité peut être défendue en théorie, mais que son application ne peut entrer que rarement dans le domaine de la pratique, trop souvent dirigée par des connaissances insuffisantes ou en vue d'un but trop étroit, comme nous le montrerons bientôt en étudiant les divers courants de sang dans la race anglaise.

Ainsi, ce n'est pas seulement une étude de la convenance de

l'extérieur qui va nous préoccuper dans l'appareillement des races pures. Il résulte de ce que nous venons de dire, *qu'il faut d'abord tenir compte de l'origine et des performances, c'est le premier point. — La convenance dans la conformation vient ensuite.*

Chacun de ces deux points entre pour une importance presque égale dans le tout qui fait le bon appareillement.

Occupons-nous d'abord de l'origine et des performances.

L'éleveur aura, avons-nous dit, à décider s'il fera un accouplement en dedans, ou un croisement dans les courants de sang. Il lui suffit, pour se guider en cela, de consulter le stud-book. — Mais il est nécessaire qu'il ait auparavant une connaissance bien nette de la filiation de la race anglaise et des familles célèbres qui ont marqué à diverses époques, principalement dans ces derniers temps.

Cette étude approfondie de la race anglaise ne nous donnera pas tant un avantage pour faire les meilleures unions en dedans ou en dehors, qu'un sévère avertissement sur la nécessité de tenir compte de la convenance des conformations. Convenance trop souvent oubliée, quand il s'agit du cheval de course.

La race anglaise se reproduit le plus souvent, nous l'avons déjà dit, par une consanguinité plus ou moins rapprochée; il suffit de faire quelques généalogies pour se convaincre de ce fait.

La race anglaise de pur sang a été formée, à l'origine, par les courses et pour les courses, d'un très petit nombre de chevaux d'origine pure orientale. Ce petit nombre a encore été réduit par voie d'éliminations successives, car on n'employait à la reproduction que les célébrités du turf. En remontant assez haut, on ne retrouve plus comme étalons presque uniquement employés, que quelques chevaux dont les noms sont restés célèbres, les *Childers, Eclipse, Herod, Matchem.* — Ces chevaux forment la plus ancienne et en même temps la plus célèbre génération du cheval de pur sang acclimaté anglais. Leur vitesse était considérable, mais le fonds paraît avoir été leur qualité principale.

<table>
<tr><td rowspan="2">Childers, 1715.</td><td colspan="2">Darley Arabian, 1700.</td></tr>
<tr><td>Betty Leedes.</td><td>Issue de double consanguinité incestueuse de Spanker, issu lui-même d'un croisement barbe, arabe et turc.</td></tr>
</table>

Matchem, 1748.
   Cade . . .
      Godolphin Arabian.
      Roxana, issue à la 2ᵉ et 3ᵉ génération de sang barbe, turc et arabe.
   Fille de.. .
      Partner. — Petit-fils de sang turc et arabe.
      Fille de. . . .
         Fils d'arabe.
         Petite-fille de turc et d'arabe.

Herod, 1758 .
   Tartar. . .
      Partner. — Petit-fils de turc et d'arabe.
      Meliora. . . .
         Remonte à l'arabe par 5 générations.
         Milk Maïd. . . .
            Snail.
            Shield's galloway.
   Cypron . .
      Blaze . . . .
         Childers.
         Confederate Silly. — Petite-fille de sang turc et arabe.
      Selima. . . .
         Bethel's arab.
         Descend d'arabe à la 3ᵉ génération.

Eclipse, 1764.
   Marske . .
      Squirt.. . . .
         Barttlet's Childers.
         Une fille de Snake, issue de Hautboy par alliance consanguine; Hautboy, issu de White, d'Arcy turk et de Royal mare.
      Fille de. . . .
         Issue à la 3ᵉ génération de sang turc, arabe, et de Hautboy.
   Spiletta.. .
      Regulus.. . .
         Godolphin Arabian.
         Grey Robinson.
            Sang arabe et barbe à la 2ᵉ génération.
            Mère issue de consanguinité Hautboy, comme la mère de Squirt.
      Mother Western
         Issue de consanguinité Hautboy et de sang arabe.

Ces étalons célèbres, comme on le voit très près parents entre eux, ont produit dans leur nombreuse filiation plusieurs descendants qui ont, à leur tour, fait tête de race ou de famille. Ceux-ci, après avoir montré des qualités unies à des conformations bien distinctes, dues à la dose plus ou moins prépondérante de tel ou tel courant de sang plusieurs fois réuni par consanguinité, ou à un heureux équilibre de ces courants de sang dans certaines individualités, ont formé des familles à part en transmettant ces caractères à leurs descendants. Ainsi :

Waxy, 1790. .
- Pot-8-os. .
  - Eclipse.
  - Sportmistress, par Cade, frère de Regulus, grand-père d'Eclipse.
- Maria. . . .
  - Herod.
  - Lisette. . . .
    - Snap, Snip, Childers.
    - Miss Windsor, sœur de Cade et de Regulus par Godolphin.

Waxy, qui compte treize vainqueurs de Derby en cinquante ans dans sa progéniture mâle directe, onze des *oaks,* treize du *Saint-Léger,* est, comme on le voit, le résultat d'un croisement *Herod-Eclipse;* le sang de ce dernier prédominant par la consanguinité dans *Pot-8-os,* se rencontre encore avec le même sang dans *Maria,* par *Lisette.* On a pu aussi remarquer à la généalogie d'*Eclipse* combien le sang de *Hautboy* y était prédominant par multiple consanguinité.

La production de *Waxy* était renommée pour sa vitesse et son courage, mais par contre, il léguait une charpente légère et des membres peu résistants.

Orville, 1799.
- Beningbrough
  - Knig Fergus. .
    - Eclipse.
    - Polly.
  - Fille de. . . .
    - Herod.
    - Pyrrha. . . .
      - Matchem, petit-fils de Godolphin.
      - Duchess, petite-fille de Godolphin.
- Evelina. . .
  - Highflyer. . .
    - Herod.
    - Rachel . . . .
      - Blanck-Godolphin.
      - Regulus - Mare, Regulus-Godolphin.
  - Tergament . .
    - Tautrum . . .
      - Criple-Godolphin.
      - Fille de Childers.
    - Fille de. . . .
      - Sampson-Blaze, père de Cypron, mère d'Herod.
      - Fille de Regulus, Regulus-Godolphin.

Orville est donc très près parent de *Waxy,* mais dans une autre proportion de courants de sang. Les courants *Herod* sont au nombre de trois, les courants *Eclipse* et *Godolphin* au nombre de six.

Orville et ses descendants étaient très forts et très vites, mais d'un tempérament froid.

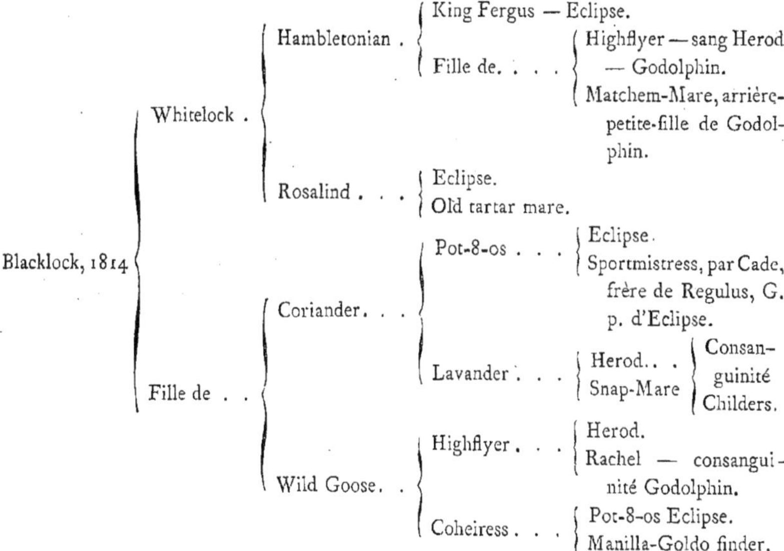

Encore un parent des deux étalons précédents, mais formé d'une autre combinaison de sang; quatre courants *Godolphin* croisés avec *Herod* et *Childers*.

Buzzard avait une vitesse extraordinaire, mais il manquait de la qualité de *stayer*. — Comme *Waxy,* il avait la charpente légère; ses épaules étaient bien inclinées, et il avait une grande force dans l'arrière-main, quoique la cuisse fût légère et les jarrets droits. — Cette conformation est bien, à part la maigreur de la cuisse, le type propre à produire la vitesse. Grande force d'impulsion, peu de poids comme résistance, liberté d'épaules, grande ouverture des rayons articulaires.

Encore une combinaison différente des courants de sang des premiers étalons célèbres, mais où domine la réunion des consanguinités *Godolphin, Éclipse, Highflyer, Pot-8-os, Herod.*

Blacklock a fourni de bons chevaux. Sa descendance avait une apparence commune, les poitrines étaient loin de terre, les genoux creux.

```
                             ⌠ Joe Andrew. .  ⌠ Eclipse.
                ⌠ Dick Andrew ⎨                ⎩ Amaranda.
                ⎪            ⎩ Fille de . . .  ⌠ Highflyer — sang Godolphin — Herod.
Tramp, 1810.   ⎨                               ⎩ Cardinal puff — Babraham — Godolphin.
                ⎪            ⌠ Gohama . . .    ⌠ Mercury — Eclipse.
                ⎩ Fille de . ⎨                ⎩ Herod — Mare.
                             ⎩ Fraxinella. . . ⌠ Trentham, arrière-petit-fils de Godolphin.
                                               ⎩ Woodpeker — Mare. — Woodpeker. Sang
                                                 Herod — Godolphin.
```

Combinaison ayant beaucoup de rapport avec le sang d'*Orville,* elle réunit en effet, mais à une plus grande distance, trois courants *Herod* croisés avec *Eclipse* et *Godolphin. Tramp* est arrière-petit-fils d'*Eclipse* par son père et par sa mère. Sa descendance était remarquable par la beauté de ses membres.

```
                          ⌠ Highflyer . . .  ⌠ Herod.
               ⌠ Sir Peter . . ⎨              ⎩ Rachel — consanguinité Godolphin.
               ⎪            ⎩ Papillon. . . . ⌠ Snap — Snip — Childers.
               ⎨                              ⎩ Miss Cleveland — Regulus — Godolphin.
Walton, 1799. ⎪            ⌠ Dungannon . .  ⌠ Eclipse.
               ⎪ Arethusa . . ⎨              ⎩ Herod-Mare.
               ⎩            ⎩ Prophet-Mare . ⌠ Prophet — Regulus — Godolphin.
                                             ⎪            ⌠ Snap — Snip — Chil-
                                             ⎩ Virago . . . . ⎨ ders.
                                                          ⎩ Fille de Regulus. —
                                                            Regulus — Godol-
                                                            phin.
```

Arrière-petit-fils de *Snap* par son père et par sa mère, *Walton* réunit ainsi le sang de *Childers* croisé avec *Herod-Eclipse* et cinq autres courants *Godolphin*. *Walton* est le père de *Partisan*, de *Gladiator*, sang très fashionable.

Partisan
- Walton.
- Parasol
  - Pot-8-os
    - Eclipse.
    - Sportmistress, arrière-petite-fille de Godolphin par Cade.
  - Prunella
    - Highflyer.
      - Herod.
      - Rachel.
    - Promise.
      - Snap — Snip — Childers.
      - Petite-fille de Regulus-Godolphin.

Partisan est, comme on le voit, presque entièrement formé par consanguinité. Ses descendants se reconnaissent à leur grande distinction. Ils ont de bonnes épaules, de bonnes jambes, de bons pieds, la tête arabe et l'encolure légère. — Chevaux de fonds et de vitesse.

Sorcerer
- Trumpator.
  - Conductor.
    - Matchem.
    - Fille de Snap — Snip — Childers.
  - Brunette.
    - Squirrel old traveller — Partmer, Jig — Byerley.
    - Done — Matchem — Godolphin.
- Y. Giantess.
  - Diomed.
    - Florizel — Herod.
    - Fille de Spectator
      - Crab — Alcock's arab.
      - Fille de Partner.
  - Giantess
    - Matchem.
    - Molly-long-legs, petite-fille de Godolphin.

Sorcerer est arrière-petit-fils de *Matchem* par son père et par sa mère. Il réunit aussi plusieurs courants *Godolphin* avec deux courants *Partner*, *Herod* et divers arabes.

Les descendants de *Sorcerer*, généralement très vites, se reconnaissaient à leurs grandes charpentes, à leurs formes décousues, à la force des membres et des jarrets, à la puissance de l'arrière-main. *Melbourne, Sir Tatton-Siker, West-australian* sont des descendants de *Sorcerer*, et de nos jours, *Blair-Athol*, par *Melbourne*, est son plus brillant représentant. — Vitesse de premier ordre, mais chevaux très souvent corneurs.

Cependant ces divers courants de sang ne se sont pas maintenus purs ; on cherche bien, par des accouplements consanguins, à les réunir en plus grand nombre possible dans un individu, afin de rappeler en lui les qualités des ascendants célèbres ; mais le plus souvent, ces unions ne sont faites qu'en ayant égard au sang et aux performances, sans tenir compte de la netteté, ni de la convenance des conformations. Il n'en résulte presque toujours, à part quelques heureux hasards, que des produits le plus souvent manqués.

Une autre génération plus moderne d'étalons célèbres est celle de *Touchstone, Melbourne, Stockwell, Orlando, Beadsman, Newminster*.

Enfin, de nos jours, les étalons célèbres en France et en Angleterre sont :

En France, *Mortemer, Mars, Dollar, Vertugadin, Vermout, Trocadéro, Plutus, Flageolet, Atlantic,* etc.

Le sang de *Baron* et de *Waxy* se trouve chez la plupart des étalons français ; vient ensuite celui de *Gladiator*. — Il n'y a pas moins de neuf fils de *Monarque*. — Comment dès lors éviter la consanguinité ? — quelle leçon sur la nécessité d'être sévère sur la netteté et la convenance des conformations dans le choix des appareillements.

En Angleterre, *Blair-Athol, Scottisch-Chief, Speculum, Adventurer, Rosicrucian, Pero-Gomez, Saint-Albans, Lord Lyons, King Tom, Broomielaw, Cardinal York, Julius, Miner, Hermit, Palmer,* etc.

Là, sur trente-sept étalons en réputation, sept sont fils de *Stockwell*, vingt-trois sont petits-fils de *Touchstone, Baron, Sir Hercules,* du sang de *Waxy ;* sept sont fils ou petits-fils de *Melbourne*.

N'est-il donc pas de toute urgence, si la consanguinité ne peut être absolument évitée, d'en atténuer les conséquences par un choix éclairé des reproducteurs ?

C'est généralement au nom de ces étalons célèbres que l'on s'arrête dans les recherches que l'on fait, soit pour unir en dedans, soit pour croiser. On prend comme étalon un grand vainqueur, et s'il est encore père de vainqueurs, tout est dit. L'éleveur ne va guère au delà de ces indications. On ne songe que rarement aux appareillements et à la convenance des conformations, on oublie même souvent l'affinité sympathique de certains courants entre eux, et les règles suivies se résument généralement à quatre points :

1° Choisissez un père d'un certain nombre de vainqueurs de préférence au producteur non éprouvé.

2° Cherchez un croisement qui s'est trouvé bien rencontrer, par exemple celui de *Touchstone* et de *Bay-Middleton* (Lagondie).

Touchstone, 1831 . . .	Camel . . .	*Walebone* . . .	*Waxy.* / Penelope.
		Fille de	*Selim.* / Maiden.
	Banter . . .	Master Henry .	Orville. / Miss Sophia.
		Boadicea . . .	*Alexander.* / Brunette.
Bay-Middleton, 1843 . . .	Sultan . . .	*Selim.*	Buzzard. / Fille d'*Alexander.*
		Bacchante . . .	Un frère de Walton. / Fille de *Mercury,* frère d'*Alexander.*
	Cobweb . .	Phantom . . .	Walton. / Julia.
		Filagree . . .	Sooth sayer. / *Web* par *Waxy.*

On considère donc comme étrangers entre eux les chevaux qui ne sont séparés de la consanguinité que par une ou deux générations. C'est cependant ce que l'on appelle un croisement, quoi qu'il y ait une consanguinité très accusée, mais elle remonte à trois ou quatre degrés et n'est plus considérée comme telle.

3° Si, dans la généalogie de la jument, se présentent beaucoup de croisements en dedans, choisissez-lui un étalon d'origine aussi éloignée que possible.

4° Si, au contraire, la généalogie résulte de beaucoup de croisements, cherchez un père parmi ceux qui ont eu du succès dans une de ses meilleures branches. (Lagondie.)

Ainsi, quoi qu'il en soit des distinctions faites dans le système de reproduction adopté pour les races pures, il est évident que la race anglaise de pur sang se perpétue par une consanguinité inévitable, souvent même resserrée à dessein, sans autre préoccupation que le résultat d'hippodrome.

RÈGLES QUE L'ON DEVRAIT SUIVRE.

Or il faut bien constater que si la consanguinité fixe ou réunit des qualités, elle fixe aussi d'une manière indélébile les tares, les défauts, les vices physiques et moraux. C'est un fait acquis dans la reproduction de tous les animaux; cela se voit chez les peuples dont les familles s'allient entre elles. Si, dans la nature, les espèces qui vivent en troupes ne s'éteignent pas et semblent au contraire se conserver toujours sous le même aspect, c'est que la reproduction est assurée au plus fort, parce que lui seul règne par la force, et les indignes étant éliminés, la consanguinité n'a pas l'inconvénient qu'elle peut présenter lorsqu'il s'agit d'animaux domestiques. Dans ce dernier cas, c'est l'homme qui fait le choix qui lui convient, choix qui souvent peut réunir les mêmes défauts, les mêmes vices dans l'étalon que dans la jument. Que peut-il alors en résulter autre chose qu'un être taré et capable, s'il est employé à la reproduction, de faire un mal irréparable? C'est assez indiquer l'importance de l'étude du choix des reproducteurs dans la convenance des conformations, aussi bien lorsqu'il s'agit des races pures que lorsque l'on opère sur les races usuelles.

DE LA CONFORMATION ET DE L'ÉTUDE DE LA CONVENANCE.

Avant de faire le choix de l'étalon convenable, il faut bien connaître les défauts et les qualités de la jument que l'on veut livrer à la reproduction; sans cette connaissance préalable bien approfondie, on ne fera rien qui vaille.

BUT QUE L'ÉLEVEUR DOIT SE PROPOSER
EN ÉTUDIANT LES BASES D'UN BON APPAREILLEMENT :
OBTENIR LA BONNE POULINIÈRE.

On établira donc pour chaque poulinière un travail analytique des harmonies d'ensemble; ce sera d'après le résumé des beautés, des défauts et des compensations que l'on se basera pour le choix de l'étalon, en se posant ce principe que, dans l'appareillement, on devra chercher chez l'étalon les contrastes heureux pour corriger les défauts de la jument, tout en maintenant la réunion des mêmes qualités, afin de les fixer dans le produit; on se proposera de ramener peu à peu celui-ci à l'ensemble harmonieux et puissant qui doit être le but à atteindre dans un bon élevage.

L'éleveur aura pour but dans ses recherches et ses études, de ramener l'ensemble de ses juments au type du beau, la poulinière de grand ordre, la vraie pierre d'assise du succès.

Ce but, bien digne de son attention, n'est certes pas au-dessus de la puissance modificatrice que Dieu a donnée à l'homme par cette loi que : le semblable produit son semblable. C'est le point de départ de la création de toutes les variétés, lorsque l'homme a cherché à fixer les singularités; ce sera le point de départ de la reconstruction des beautés, lorsqu'il saura définir ces beautés.

Lorsque l'éleveur en sera arrivé à ce point important, il lui sera facile de choisir l'étalon. Cet élément peut être d'autant plus trié et choisi que son action multiple ne nécessite l'emploi que d'un nombre restreint, représentant l'élite de l'espèce. L'étalon se trouvera d'ailleurs dans son élevage même, car avec le bon ensemble de poulinières auquel il sera arrivé, les mauvais produits seront rares, et il pourra choisir parmi les meilleurs, qui seront excellents, pour continuer à perpétuer la famille qu'il aura créée.

CE QUE DOIT ÊTRE LA BELLE POULINIÈRE.

Mais, avant tout, quelle est cette conformation de la belle poulinière ? — Elle doit être harmonieuse, puissante et souple (nous savons quelles sont les conditions de cette harmonieuse puissance); les rayons seront longs, les angles qu'ils forment entre eux seront largement ouverts. Le corps sera relativement long, le dos soutenu, les reins larges et musclés. Les genoux et les jarrets seront près de terre, l'arrière-main sera puissante. L'avant-main, relativement léger, gagnera en profondeur ce qu'il perdra en largeur ; l'harmonie générale de la charpente répondra à celle que nous avons indiquée ; l'origine sera du meilleur sang. — Encore une fois, il est difficile, mais non pas impossible, d'obtenir ce résultat. Il faut de la suite dans les idées, de l'étude, du temps et de l'argent, mais au bout est le succès, et quel succès !

D'ailleurs, l'éleveur ne peut prétendre avoir réellement de chances de réussite suivie, que lorsque l'ensemble de ses poulinières lui permettra de mettre en pratique le véritable principe des appareillements dans les races pures, à savoir : que la jument doit être supérieure ou au moins égale à l'étalon sous le rapport de la taille, de l'étoffe et des lignes, de telle sorte qu'il n'y ait plus qu'à appareiller et à maintenir des beautés à l'exclusion de tous défauts, au moral comme au physique.

Cependant, avant d'en arriver là, il aura bien fallu utiliser les éléments plus ou moins riches, plus ou moins harmonieux que l'on aura sous la main. Si l'on pouvait choisir partout, cela serait pour le mieux ; ce serait arriver au but dès le départ. — Mais c'est au point de départ ordinaire qu'il faut nous placer, en nous posant pour objectif le but que nous avons défini.

La bonne poulinière, ai-je dit, présentera la conformation la plus favorable à la vitesse. — Il semblerait de prime abord que, s'il existe réellement une forme extérieure favorable à la vitesse, tous les chevaux vites doivent avoir la même conformation, sinon cette conformation favorable n'existe pas, et la vitesse viendrait seulement de l'origine ? — Mais non ; en principe, la conformation favorable à la vitesse est bien l'ensemble dont j'ai fait la description, quoique cet ensemble puisse varier extrêmement. Il ne faut pas oublier, en effet, que les défauts peuvent être annulés ou amoindris par des compensations, et que la prédominance de certaines qualités peut équilibrer favorablement, pour la vitesse, un ensemble même décousu. Aussi, rencontre-t-on des modèles très différents chez des sujets néanmoins très vites.

Ainsi une jument très vite se présentera sous l'aspect régulier de *Soothsayer* par exemple (pl. IV).

Cette autre devra sa vitesse non plus à un harmonieux ensemble favorisé par la direction des rayons et la force musculaire des cordes qui les font agir, mais à une exagération de longueur de certains rayons seulement.

Un autre modèle de vitesse peut se présenter avec un dos un peu mou, mais musclé, la direction et la longueur des rayons étant toujours bonnes.

Un quatrième peut se présenter avec un avant-main relativement lourd, mais favorisé par une belle inclinaison d'épaules, un dessus excellent, de bons jarrets et la bonne direction des rayons postérieurs.

Un cinquième peut avoir été très vite avec de mauvais jarrets; mais la charpente sera relativement légère, les reins excellents, la direction des rayons parfaite.

Un sixième aura dû sa vitesse à sa grande force d'arrière-main, malgré sa charpente décousue, malgré ses épaules mal placées, mais longues, etc.

Tous les modèles les plus variés peuvent donc présenter une partie suffisante des conditions de la vitesse pour obtenir des succès de course; mais ils seront loin pour cela de présenter la régularité et l'harmonie voulue, but que l'éleveur doit poursuivre et qui est bien digne de toute sa sollicitude.

Mais si le point de départ implique nécessairement tout élément que l'on a sous la main, cet élément doit néanmoins réunir des conditions essentielles, sous peine de retarder par trop le succès.

En général, la jument destinée à la reproduction, à quelque race quelle appartienne, devra être spacieuse, le tronc sera développé; cette conformation donne plus d'espace pour le développement du fœtus. — On s'explique ainsi comment des juments un peu lourdes, un peu longues de corps, ayant trop de dessus, ont pu, étant bien accouplées, donner de bons chevaux de course, quoique n'ayant elles-mêmes que médiocrement couru, si toutefois elles étaient de familles de coureurs. Cette force de l'origine est telle, en effet, que sans elle la meilleure conformation ne donnerait aucun résultat, ou bien serait un résultat sans fixité; tandis que de médiocres reproducteurs (comme conformation), mais de grande origine, peuvent donner d'excellentes races. — De même, d'autre part, des juments ayant bien couru, mais de petite stature, nerveuses, légères de charpente, ne peuvent faire de bonnes poulinières. — C'est ce qui a pu faire croire qu'il était quelquefois avantageux de sauter une génération pour obtenir de bons coureurs, parce que l'on a remarqué que les produits des juments qui n'avaient pas couru étaient souvent très bons. Ainsi *Bathilde* a fait *Capucine*, *Gringalette* a fait *Surprise*, etc., tandis que *Mon Étoile*, jument de course de grand ordre, n'a rien donné qui pût être comparé aux grandes qualités dont elle fit preuve; et tant d'autres de même.

L'explication la plus simple de ce fait est que les premières juments avaient le coffre et le tempérament de la poulinière; tandis que les autres, dont l'ampleur est insuffisante et la prédominance nerveuse trop accentuée, ne peuvent donner à leurs produits ni assez de taille ni un équilibre suffisant dans le moral et le physique.

Un autre point important est que les membres de la jument destinée à faire une poulinière soient nets de tares osseuses, jardons, éparvins[1], formes, suros, tares qui peuvent se perpétuer plus ou moins. — Les mauvais pieds (à moins qu'ils ne résultent d'accident), les genoux creux (grand défaut dans le cheval de course), la pousse et le cornage doivent être absolument repoussés. On risquerait de retrouver trop longtemps ces défauts dans les produits, quelque nets que soient les étalons que l'on emploierait.

MÉTHODE QUE L'ÉLEVEUR EMPLOIERA LORSQU'IL ÉTUDIERA LES BASES DE BONS APPAREILLEMENTS POUR SES POULINIÈRES.

L'éleveur qui aura plusieurs poulinières à examiner, en vue de trouver l'étalon convenable, procédera de cette sorte. (Il aura préalablement fait l'étude indiquée sur l'origine et les performances; cela va de soi.)

Première poulinière (pl. XXXIX). — Examinée sous le rapport de la longueur : — est assez longue dans l'ensemble par rapport à la hauteur,

---

1. L'éparvin est un mot qui exprime tant de choses qu'il est fort difficile, dans la pratique, de s'entendre sur sa véritable signification. Nous regrettons de ne pouvoir donner ici *in extenso* l'excellente étude sur cette tare osseuse faite par M. Ch. Trelut, professeur à l'École des Haras. Cette étude a paru dans le numéro de septembre 1878 du *Journal des Haras*.

mais l'arrière-main, examiné par rapport à l'avant-main, est trop court.

Sous les divers rapports de hauteur : — la poitrine est trop loin de terre. Si la jument paraît plus développée d'arrière-main que d'avant-main, cela tient à ce que la poitrine est très étroite et peu profonde. Mais, au point de vue de la longueur des lignes comparées à l'épaule, qui est

PL. XXXIX

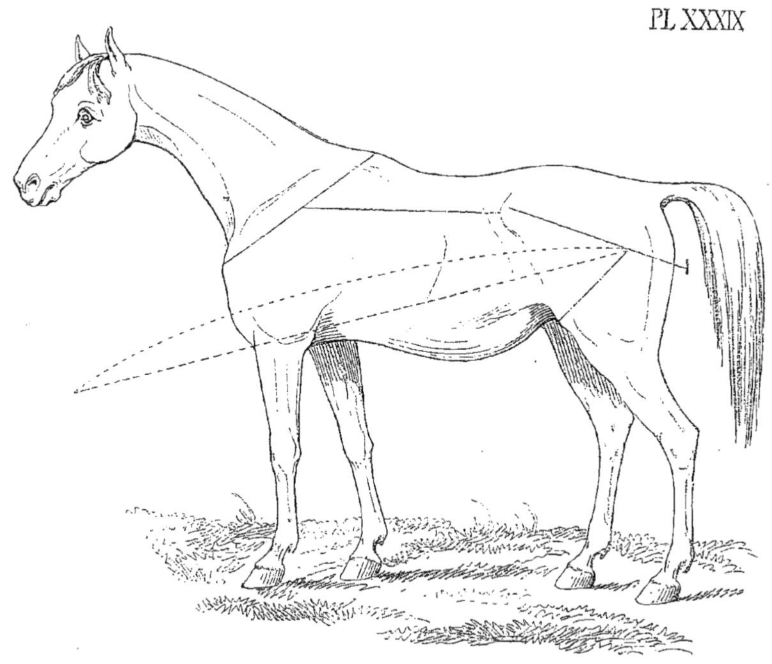

remarquablement placée, le corps est un peu court et la hanche beaucoup trop courte. Ce défaut de la hanche est racheté par son ampleur ; le défaut de longueur du corps par l'inclinaison de l'épaule.

Examinée sous le rapport de l'ampleur : — elle est suffisante dans l'arrière-main ; — elle a trop peu de profondeur dans l'avant-main.

Examinée sous le rapport de la longueur et de l'inclinaison des rayons : — l'épaule est longue et bien penchée, les genoux et les jarrets sont près de terre ; — l'angle postérieur est bien ouvert, mais la hanche est trop droite et la détente a lieu sur le plan incliné et non sur l'horizontale.

Membres par rapport au corps : — est trop légère.

Résumé :

Beautés : — taille suffisante; ampleur d'arrière-main, très belle épaule, genoux et jarrets près de terre, bon dessus.

Défauts : — manque de longueur dans l'arrière-main; médiocre inclinaison de la hanche, poitrine trop enlevée, membres trop légers.

Choix de l'étalon. — En règle générale, il ne faut pas chercher à corriger tous les défauts à la fois. Lorsque l'on a affaire à un ensemble déjà assez régulier, il est surtout important de conserver les beautés en les accouplant à des beautés semblables. Cela fait, on se bornera à chercher un contraste important comme beauté, chez l'étalon, à opposer au défaut dominant chez la jument; soit pour l'exemple précédent, une grande profondeur de poitrine, — ou bien la hanche longue et bien inclinée dans une croupe ample et puissante. Si l'on trouve ces deux qualités réunies, cela sera pour le mieux; mais il ne faut pas oublier qu'il y a d'autres exigences de conformation avec lesquelles il faut compter; en effet, l'étalon doit en outre posséder les mêmes beautés de conformation que celles que nous avons trouvées chez la jument. On devra donc, la plupart du temps, se contenter d'un contraste important.

Faisons notre choix parmi les types étalons que nous avons étudiés.

Je fais le relevé des défauts et des beautés de *Soothsayer* (pl. XXV).

Beautés : ensemble puissant et près de terre, modèle régulier, très beaux membres; genoux et jarrets près de terre; ossature puissante; grandes lignes, surtout dans l'avant-main.

Défauts : inclinaison et longueur de la hanche insuffisantes, croupe néanmoins puissante en comparaison de celle de la jument.

Ce modèle d'étalon est d'ailleurs de ceux qui conviennent à toute jument. Mais il est rare de trouver un ensemble aussi régulier, aussi puissant, aussi membré. Supposons donc qu'il nous manque et qu'il soit nécessaire de faire un autre choix. — Nous trouverons encore des types améliorateurs dans des modèles moins parfaits qui pourront présenter d'heureux contrastes dont l'éleveur doit profiter.

Par exemple, *Y. Monarque* (pl. XXVI), qui réunit des beautés qui répondent aux beautés de la jument et d'autres beautés qui font contraste à ses défauts. Par ce choix on maintient, il est vrai, le défaut d'équilibre entre l'avant-main et l'arrière-main comme longueur, mais on le rétablit comme ampleur et puissance de poitrine. D'ailleurs, on ne peut arriver du premier coup au résultat final; le tout est d'avoir de la suite dans le but que l'on poursuit; on y parviendra plus ou moins tôt, en deux ou trois générations peut-être, mais on y parviendra si l'on sait ou si l'on peut ne pas se détourner de la voie tracée.

Ainsi, *Y. Monarque* est lourd d'avant-main, mais son épaule est bien inclinée, sa poitrine est puissante, sa hanche est bien placée. Il est trop court et trop ramassé dans l'ensemble; mais, en l'employant, l'éleveur régularise la forme; il lui donne de l'ampleur et de la force, il conserve les beautés acquises et il peut espérer avoir un produit supérieur à la mère. S'il obtient une pouliche, il sera bien près d'arriver, avec les produits de celle-ci, à la régularité et à l'ampleur unies à la longueur et à la belle direction des lignes, s'il fait pour elle le choix de l'étalon avec le même soin que nous venons de prendre.

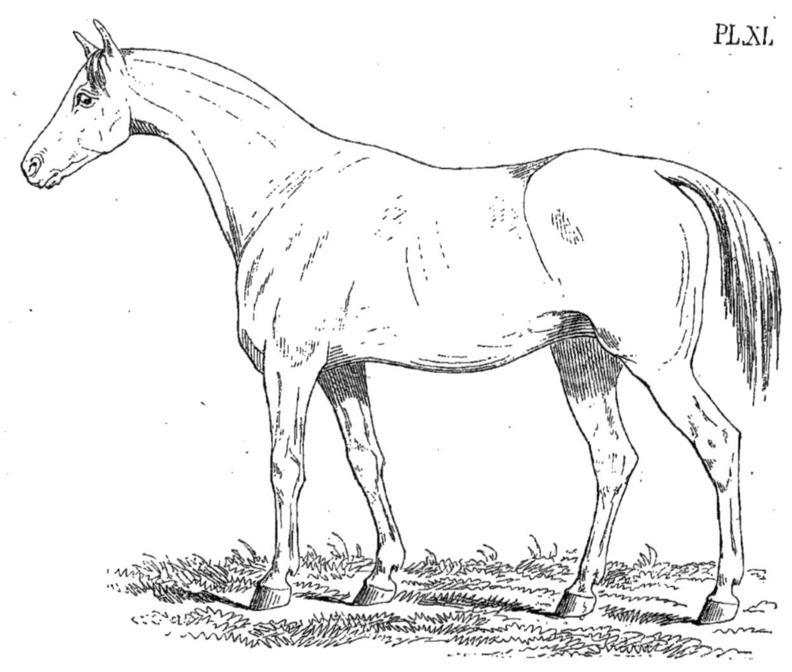

2ᵉ EXEMPLE ET DISCUSSION SUR LE CHOIX DE L'ÉTALON.

Voici une belle jument qui a du gros et de l'ampleur, mais qui est loin encore d'être le type de la belle poulinière. Si on n'y prend garde, ses produits pourront accentuer ses défauts et ne rien donner de bon par eux-mêmes, tandis qu'en étudiant cette conformation, c'est un excellent point de départ pour faire arriver la puissance de cette charpente à l'harmonie désirable.

Examinons :

Longueur : insuffisante dans l'ensemble, trop courte de corps et d'arrière-main.

Hauteur : dépasse la longueur.

Ampleur : très belle.

Direction des rayons : excellente; longueur d'arrière-main insuffisante; épaule très belle; genoux et jarrets un peu loin de terre.

Membres : trop légers.

Résumé :

Beautés à conserver : puissance et ampleur de la charpente; très belle épaule, belle direction des rayons.

Défauts à corriger : trop de hauteur; trop courte dans le corps et l'arrière-main; trop légère de membres relativement à la puissance du corps.

Choix de l'étalon : l'étalon devra être d'un type supérieur; il réunira aux longues lignes la bonne direction des rayons, le près de terre et la beauté des membres dans un corps suffisamment long. — Cette perfection n'est pas facile à trouver; elle est du moins malheureusement assez rare, malgré qu'il ne faille qu'un nombre relativement restreint de mâles et que ce petit nombre soit choisi dans toute la production. — Quoi qu'il en soit, nous chercherons partout, l'objet en vaut la peine. Si nous ne trouvons pas le type supérieur, nous nous contenterons d'abord de trouver la beauté des membres unie aux qualités que possède la jument, ou bien la longueur du corps, ou la longueur de la hanche unie à la direction des rayons et à la force de la charpente chez l'étalon.

LATITUDE DONNÉE AU SUJET DE LA TAILLE CHEZ L'ÉTALON.

Pour ce qui est de la force de la charpente, nous avons une latitude en faisant le choix de l'étalon. En effet, il n'est pas nécessaire, pour obtenir de grands produits, que l'étalon soit aussi grand que la jument. La taille (ax. 2) est le plus souvent donnée par la jument; elle est développée par le régime alimentaire. A ce sujet nous compléterons ici l'observation de Garsault par celle de M. de Dombasle : « Il faut que la jument soit supérieure, ou au moins égale à l'étalon sous le rapport de la taille et de l'étoffe. Lorsque, au contraire, on accouple avec une petite jument un étalon de grande taille, on peut être assuré de n'obtenir que des produits mal conformés, des animaux décousus, à longs membres, à poitrines étroites et sans vigueur. — Les Anglais expliquent ce principe d'une manière fort rationnelle; ils disent que le fœtus volumineux produit par un mâle de grande taille, se trouvant gêné dans l'utérus d'une petite femelle, ne peut prendre son développement normal, tandis que, au contraire, un petit fœtus se développant à l'aise dans une femelle de grande taille y acquiert des formes plus parfaites. D'ailleurs, c'est dans l'alimentation donnée de jeune âge que se trouve aussi le principe de la taille du cheval. »

Ainsi donc, nous ne rechercherons pas dans l'étalon, d'une manière absolue du moins, une exacte similitude de taille. S'il est puissant par son ampleur, sa longueur et ses lignes, nous passerons outre, et nous l'emploierons avec la grande jument. — C'est ainsi que des étalons de petite taille ont produit de grands chevaux, grands dans toute la force du terme. *Plutus* a fait *Flageolet,* et de même ont bien produit tant d'autres chevaux de petite taille, mais puissants et harmonieux dans leur ensemble.

Cependant il ne suffira pas d'avoir fait un premier bon appareillement pour arriver au résultat; on poursuivra sur les produits le but que l'on s'est fixé; c'est par eux que l'on obtiendra peu à peu la longueur harmonieuse du corps et la beauté des membres qui manquent à notre poulinière. — A cette fin, on notera soigneusement le point de départ et en même temps le but que l'on veut atteindre. On ne s'en rapportera pas à sa mémoire ou à l'imprévu de la production de chaque année. L'éleveur aura eu soin de jalonner la marche qu'il suit. En agissant autrement, en suivant la marche habituelle, il changera tantôt une chose, tantôt une autre; il corrigera un défaut, il modifiera une beauté, et il restera éternellement dans une irrégularité qui variera de forme à chaque génération.

C'est ainsi que s'expliquent ces modèles si divers, si étrangers les uns aux autres; ils sont dus à l'hésitation, à la hâtive impatience, au manque de méthode, à la négligence des appareillements, dont l'étude paraît indifférente, sinon inutile à la plupart des éleveurs du cheval de pur sang.

Au contraire, avec le soin de ne jamais transiger sur la réunion des mêmes beautés, tout en cherchant chez l'étalon un heureux contraste avec un ou plusieurs défauts de la jument, on arrivera forcément au plus heureux résultat.

Mais si l'on n'y prend garde, on peut arriver, en procédant des familles les plus vites, à produire les plus médiocres sujets, non seule-

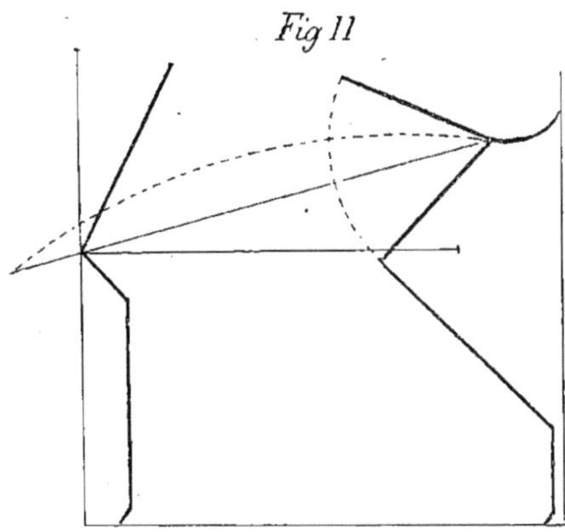

ment comme régularité d'ensemble, mais, et cela en sera une consé-quence, comme production de vitesse. — Ainsi supposez, par exemple, une excellente jument ayant bien couru, d'une origine parfaite, qui a une grande charpente, dont l'épaule est longue, mais peu inclinée, avec des hanches longues, mais presque droites, l'angle postérieur étant un peu fermé, — conditions à la fois négatives et affirmatives de la vitesse, mais par où les négatives sont compensées par la longueur des rayons, par la force musculaire générale. Si cette jument, dont je figure ci-dessus les inclinaisons de rayons, est maintenant accouplée à un étalon, qui, quoique ayant été un grand vainqueur, ne réunit cependant pas les conditions d'harmonie désirables, si la direction de ses angles articulaires est la même avec quelque prédominance de lourdeur dans l'avant-main, compensée chez lui par un meilleur rein et de meilleurs jarrets, il est évident que les moyennes ne conduiront qu'à rendre les épaules moins mobiles, l'arrière-main moins puissante, l'emploi de sa force se traduisant sur un plan incliné.

Bientôt, pour peu qu'il y ait manque d'équilibre entre l'avant-main et l'arrière-main, ce qui ne peut manquer d'arriver prochainement si l'on ne tient aucun compte des conformations, qui, dans des chevaux même vites, peuvent affecter des aspects bien différents, grâce aux compensations qui peuvent s'établir, voilà une excellente famille, de très bonne souche, qui ne produira plus que des médiocrités.

Si, au contraire, on se préoccupe des défauts de cette même jument, si l'on a eu surtout en vue, tout en conservant l'ampleur et la longueur, de régulariser l'inclinaison des rayons, en ouvrant mieux leurs angles, il est évident que l'on obtiendra un résultat tout opposé, au moyen duquel on perpétuera et l'on augmentera même les qualités de la famille.

Il est donc bien important de connaître les lois génératrices de la vitesse par la conformation, et les compensations que certaines qualités peuvent établir pour l'absence d'une partie d'entre elles. C'est d'après cette connaissance que l'étalon doit être choisi, apportant, autant que possible, nous le répétons, les mêmes qualités que la jument et le plus de palliatifs possibles à ses défectuosités. — On continuera ensuite à employer, sur les générations successives, le même modèle étalon réunissant toujours en lui les qualités acquises chez la poulinière et opposant une beauté à la défectuosité principale que l'éleveur combattra sans préoccupation d'aucun autre défaut, que l'on n'attaquera à son tour que lorsqu'on aura obtenu la cessation de la première irrégularité, à moins toutefois qu'un heureux concours de circonstances ne permette de trouver à la fois deux heureux contrastes.

En poursuivant un but bien défini et bien étudié, il n'est pas douteux que bientôt l'éleveur n'arrive à obtenir dans ses poulinières la régularité harmonieuse, souple et puissante qui était l'objet de ses efforts. Il n'aura plus alors qu'à unir des beautés entre elles et à préserver de la dégradation un type qu'il conservera d'autant plus facilement que son expérience et les résultats acquis lui en multiplieront les moyens. — Il réussira vraiment alors, car, en résumé, un bon ensemble de poulinières est la seule base possible d'un bon élevage. Toutes les recherches de moyennes entre individualités différentes peuvent de temps à autre produire un résultat, mais tout sera incertain aussi longtemps que les deux éléments reproducteurs ne seront pas aussi parfaits que possible.

NÉCESSITÉ D'EMPLOYER TOUJOURS LE MÊME MODÈLE ÉTALON. LATITUDE DANS LA RÈGLE.

Si, maintenant, ce n'est pas même cette régularité absolue que recherche l'éleveur, en raison de ce qu'il peut apercevoir le but à trop longue échéance, il peut encore, après s'être fixé sur un modèle étalon, compensant, par exemple, la longueur d'arrière-main par l'ampleur de la croupe et la direction des rayons, par la force des reins et des jarrets et la puissance musculaire, appliquer ce modèle étalon à ses juments. Mais, en faisant ce choix, il n'ignorera pas qu'il doit continuer par la suite à employer ce même modèle étalon sur les produits qu'il obtiendra; modèle facile à trouver, si l'on se rappelle qu'il ne s'agit pas de ressemblance physiognomonique, mais de la seule ressemblance de lignes, de rayons articulés sur une ampleur déterminée; si l'on se rappelle encore que l'étalon étant le moule le plus propre à agir sur les masses peut présenter les mêmes qualités d'ensemble et être d'un même emploi utile, sans être absolument limité par la taille. (Voir p. 102.)

L'éleveur aura donc une grande latitude dans ses recherches, tout en restant invariablement fixé sur les points qu'il veut obtenir et desquels il ne doit jamais s'écarter.

Que de temps! dira-t-on. — Qu'importe, si c'est la seule voie vraie pour arriver à un résultat d'une si haute importance et d'où découlerait vraiment l'amélioration de toutes les races usuelles!

On remarquera que, dans toutes ces études, nous nous bornons à donner une marche à suivre, une méthode. Nous appliquons seulement les grands principes sur des exemples, mais nous ne saurions, sous peine de perdre inutilement nos soins, pousser l'application des détails au delà de certaines limites. Ainsi nous aurions pu étendre bien davantage nos recherches sur l'étalon convenable et ne le trouver qu'après en avoir analysé un certain nombre; mais à quoi cela avancerait-il? — L'important n'était-il pas d'indiquer comment on le trouvera en examinant tous ceux que l'on peut avoir à sa disposition. — Le but n'est-il pas ainsi suffisamment atteint, si tant est qu'il le soit?

Voici encore un autre exemple. C'est une très bonne pouliche. Il y a bien peu à faire pour arriver à la **régularité** harmonieuse de la belle et bonne poulinière.

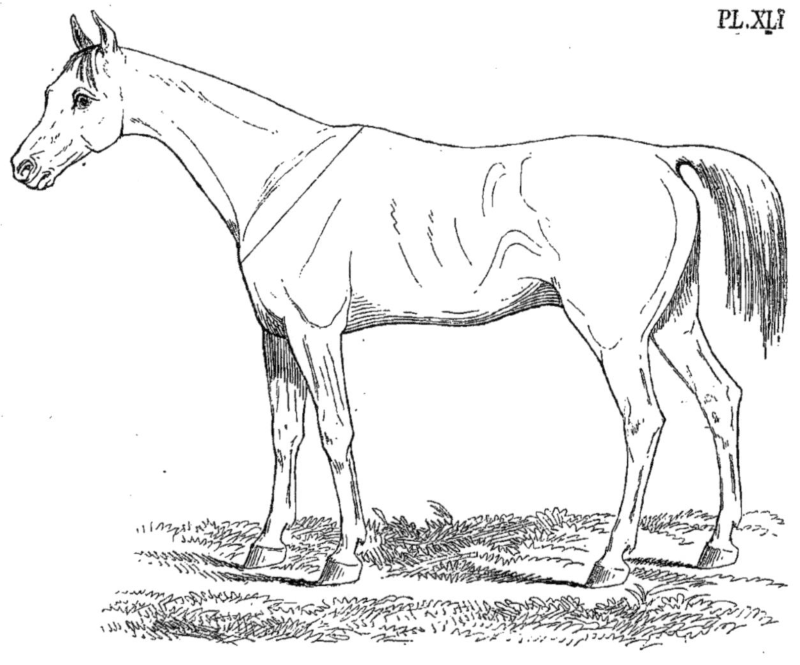

Beautés : — de l'ensemble, de la puissance, de beaux membres, bonne direction des rayons articulaires postérieurs; belle longueur des rayons supérieurs. — De l'ampleur, des muscles.

Défauts : — épaule trop ronde, trop en avant; un peu de rondeur générale dans toute la conformation; genoux et jarrets un peu hauts.

Convenance de l'étalon : — devra être harmonieux et accentué dans ses lignes, avoir l'épaule bien placée surtout, et avoir de beaux membres. — Le modèle de *Soothsayer* conviendrait, malgré l'insuffisance d'inclinaison de la hanche. Mais chez lui, l'épaule est très belle et les membres sont magnifiques. D'autre part, l'ampleur générale, la puissance de la poitrine, les belles lignes de l'avant-main sont des beautés qu'il faut employer, malgré la contradiction apparente avec ce que nous avons dit sur la nécessité de réunir dans l'étalon les beautés de la jument avec un ou plusieurs contrastes à ses défauts. Ainsi, dans le cas présent, l'étalon apporte un heureux contraste dans l'avant-main, mais aussi il ne réunit pas les beautés d'arrière-main de la pouliche. — C'est qu'il faut savoir faire des concessions lorsque la somme des beautés obtenues comme réunion et comme contrastes est aussi prépondérante que dans l'accouplement que nous étudions maintenant.

DE L'ÉTALON.

Nous avons désormais bien peu de chose à dire sur l'étalon après ce que nous venons d'en dire en étudiant sa convenance avec la poulinière.

C'est l'étalon que nous prenons comme type améliorateur, aussi bien dans les races pures que dans les races usuelles. Nous avons dit que l'on pouvait partir presque de tout point pour arriver à un ensemble satisfaisant de poulinières; mais l'étalon choisi doit toujours être le modèle aussi approchant que possible de la perfection. C'est le meilleur et le plus convenable parmi les meilleurs que l'éleveur doit s'attacher à employer, s'il est soucieux de ses intérêts; il connaîtra tous ceux qui peuvent être à sa disposition, il supputera leurs qualités et défauts comme origine, performances et conformations. Il comparera chacun d'eux avec ses juments, il fera la somme de ce que chacun apporterait de qualités, de défauts et compensations, et il choisira d'après cela le modèle qui conviendra le mieux.

TYPE DE L'ÉTALON.

En soi, l'étalon doit être puissant, harmonieux, net de tares osseuses, de pousse et de cornage, ni trop jeune ni trop vieux.

Un tel modèle conviendrait à toutes les juments ; il est malheureusement trop rare. Il faut alors savoir compenser les qualités et les défauts, et établir ainsi la convenance. C'est là le problème des appareillements, problème désormais facile à résoudre pour celui qui aura bien voulu nous suivre attentivement dans ce travail.

LE CARACTÈRE, DANS LA JUMENT COMME DANS L'ÉTALON.

Pour la poulinière, le caractère est d'une extrême importance. Non seulement la méchanceté, la rétivité se transmettent, mais encore on ne pourra manier la poulinière ni son poulain pendant l'allaitement. La poulinière rétive ou méchante doit donc être rejetée de la production.

Le caractère est aussi à considérer chez l'étalon. Il ne faudrait cependant pas mettre sur le compte du mauvais caractère l'état particulier de combativité qui lui est propre. Il faut aussi tenir compte de l'irritabilité particulière aux races de sang soumises à un long et pénible entraînement, et l'on ne devra rejeter de la production l'étalon, même méchant, qu'autant que ses produits se montreront eux-mêmes rétifs ou méchants. Beaucoup d'excellents étalons jugés méchants ont des produits fort doux.

II

RACES USUELLES

S omm aire : De la sélection dans les races usuelles ; — utilité de la sélection dans les races abâtardies ; — il faut régulariser les conformations avant d'employer les croisements avec le sang. — Mêmes principes pour la sélection dans les races usuelles que dans les races pures : conserver les qualités, réunir d'heureux contrastes, fixer les beautés acquises, éviter la confusion et le retard en cherchant à corriger tous les défauts à la fois.

L'accouplement par sélection est usité aussi bien dans les races secondaires que dans les races pures. On emploie cette méthode pour conserver les qualités des sous-races acquises à l'indigénat après plusieurs croisements successifs (c'est ce que l'on appelle aussi quelquefois métissage [1]) ; on l'emploie dans les races que l'on veut perpétuer ou

---

1. Le métissage, que M. Gayot étudie avec beaucoup de soin dans ses études hippologiques, n'est pas autre chose que l'accouplement par sélection entre les produits d'une sous-race créée par croisements successifs et acquise à l'indigénat. « Alors, dit M. Gayot, se présente une véritable difficulté qui exige de l'éleveur une attentive sollicitude dans le choix des reproducteurs. L'impossibilité de choisir d'abord dans un grand nombre de sujets d'élite peut rendre la consanguinité inévitable, et il est un point sur lequel tout le monde est d'accord, c'est que, lorsqu'il existe des reproducteurs hors ligne qui, il faut bien le dire, ne se rencontrent que difficilement et à intervalles peu rapprochés, il n'y a point à hésiter à la reproduction de toutes les qualités dont ils sont doués. C'est le cas de faire des alliances en dedans, si l'on ne peut faire autrement. — La famille normande est le résultat de croisements souvent consanguins ; il est bien certain que les meilleurs types ont été employés dans leur propre famille. En 1850, cent vingt-trois reproducteurs du Pin et de Saint-Lô se tiennent par le sang. Parmi eux, plusieurs, tels que *Sylvio*, *Napoléon*, *Eylau*, et dans les demi-sang *Rattler*, sont la souche de nombreux produits qui sont devenus des étalons de mérite et ont resserré les liens d'une parenté qui est devenue presque générale. »

Certes, avec ces reproducteurs d'élite l'expérience peut montrer que la consanguinité est un moyen heureux ; mais avec des étalons d'un ordre inférieur la race serait perdue à jamais. Ainsi,

encore perfectionner avant d'introduire un élément régénérateur qui doit agir par le croisement.

UTILITÉ DE LA SÉLECTION DANS LES RACES ABATARDIES.

Envisagée comme moyen d'amélioration dans les races abâtardies, cette méthode est lente, d'autant plus lente que l'on a affaire à des sujets plus tombés.

Dans l'espèce équestre, dit Huzard père, l'appareillement devrait souvent précéder le croisement des races; on chercherait en vain, écrivait-il (*Instruction sur l'amélioration des chevaux en France*), à multiplier et à régénérer nos races de chevaux par les croisements dans l'état où elles sont. Les croisements n'ont été que trop fréquents et les préceptes qui doivent les diriger que trop méconnus pour pouvoir en attendre des résultats utiles. Pour faciliter les bons effets des croisements, il faut d'abord faire acquérir à nos races le parfait, le point de pureté qui les caractérise et dont elles se sont plus ou moins écartées depuis longtemps. Il faut se préoccuper de la facilité que la richesse agricole de la contrée donnera pour atteindre le résultat, car l'amélioration des races de chevaux chétifs, de peu de valeur, ne sera possible qu'autant qu'elle sera en rapport avec les systèmes d'agriculture; elle ne pourra s'effectuer chez les petits cultivateurs, qui laisseront toujours leurs animaux dans un état de misère qui rendra infructueuses les tentatives de l'amélioration tant que l'état du cultivateur ne changera pas.

« Nous voudrions, dit M. Gayot (*Études hippologiques*), qu'avant de songer à perfectionner les races, on songeât à les améliorer; que l'on augmentât graduellement la taille de celles qui sont rabougries et minces; que l'on donnât plus de solidité à celles qui pèchent par les membres; enfin, qu'on ramenât la masse des individus d'une race donnée à des formes homogènes, à des caractères généraux fixes. »

à quelle influence doit-on les épaules en avant, les canons renvoyés sous le genou, le cornage, etc., si ce n'est à la consanguinité inconsidérément employée? — Il serait donc bien à souhaiter que chaque éleveur eût un stud-book particulier contenant, jusqu'à la quatrième ou cinquième génération, la filiation des familles de chevaux qu'il élève. Il pourrait ainsi éviter une consanguinité trop rapprochée qui peut produire de grands désastres qu'un peu d'attention aurait épargnés.

Les croisements ne peuvent réussir avec des sujets infimes, parce qu'il y a entre les animaux trop d'inégalités dans les formes, dans le tempérament, dans l'organisation intime, pour que la fusion puisse s'opérer. Il faut, dans certains cas, comme me le disait mon excellent ami, M. de Lamotterouge, en parlant de la Bretagne hippique, régulariser avant tout la conformation des masses. Le mieux serait peut-être de régulariser cette conformation par une sélection suivie qui assurerait la régénération de nos précieuses races de trait, que notre commerce a si grand intérêt à conserver pures. Mais dans tous les cas, si l'on veut par la suite y infuser du sang, il faut préalablement régulariser la structure pour que les croisements soient faits utilement. De cette sorte, l'immense population bretonne, qui est annuellement exportée dans toute la France et dont les juments deviennent partout des poulinières après avoir servi aux travaux de l'agriculture, aux transports des villes et des routes, à l'armée, etc., pourrait alors être utilement croisée avec l'élément de régénération, le cheval de sang. Elle rendrait à la nation l'immense service de fournir à l'agriculture le cheval de trait, à l'armée le cheval d'artillerie et de selle.

Cependant je n'entends traiter ici aucune question économique, ni énoncer une opinion sur le bien ou le mal fondé qu'il peut y avoir, au point de vue commercial, à introduire le sang dans les races de trait. Ces races dégénèrent, c'est un fait connu de tout le monde, néanmoins elles sont toujours renommées et alimentent un immense commerce. Il est donc d'un haut intérêt de se préoccuper de leur conservation et de leur régénération; mais par quelle voie, le sang ou la sélection dans la race elle-même? Certes, au moyen du sang on peut créer toutes les spécialités d'aptitude que l'on voudra. — Mais dans le cas présent, la spécialité existe, elle est acquise à l'indigénat; elle est, depuis des siècles, sous l'influence des climats et des soins, le résultat des modifications subies par le type arabe lui-même dégénéré dans la forme, mais grossi, grandi, réduit à l'aptitude du trait et du labourage par son calme et son volume. L'aptitude est excellente, la forme seule a besoin d'être remaniée en vue d'y donner plus de régularité. Est-ce avec le sang que l'on arrivera à ce résultat? Ne risquerait-on point de faire un mélange qui ne produirait qu'un intermédiaire sans fixité, moins recherché du commerce, qu'il faudrait un jour abandonner après avoir perdu un temps précieux que l'on aurait pu si utilement employer en améliorant et en conservant pures par la sélection nos excellentes races de trait ?

Quoi qu'il en soit, avant d'employer la méthode des croisements, il faut régulariser l'ensemble. C'est en partant de ce principe que l'on est arrivé dans la Manche au résultat si heureux que l'on constate depuis longtemps déjà sur l'ensemble de la population chevaline. C'est grâce à des appareillements parfaitement étudiés d'après les ensembles, dans un but défini, constamment suivi, que l'on a pu obtenir un succès si remarquable dans l'élevage de ce pays.

Comme on ne trouvera d'abord que fort difficilement des sujets présentant un contact dans leurs beautés et leurs défectuosités, on ne se préoccupera en premier lieu que du défaut dominant, en s'attachant toujours à conserver les qualités acquises dans les deux sujets appareillés, en ne poursuivant qu'un seul genre d'amélioration à la fois, pour ne passer à une autre que lorsqu'une première conquête aura été faite et présentera un caractère durable... En procédant ainsi, on en arrivera à une amélioration très réelle, à cette régularisation de la charpente qui peut seule permettre d'espérer de bons résultats des croisements.

III

LES CROISEMENTS

CRÉATION DE SPÉCIALITÉS D'APTITUDE.

Sommaire : Les croisements; — effets. — En principe, quels sont les éléments dont on doit se servir pour croiser les races ? — Du croisement dit à l'envers. — L'éleveur doit adopter avec les croisements la méthode d'un régime supérieur comme soins et alimentation. — Par ce procédé, il peut créer toute spécialité d'aptitude qu'il voudra. — Les croisements avec le pur sang ne doivent être faits que sur des sujets de conformation régulière. — Mêmes principes que pour la sélection : conserver les beautés acquises, remplacer graduellement les défauts par des beautés. — Il faut quelquefois savoir sacrifier des beautés si l'ensemble est décousu, et n'avoir d'autre préoccupation que le retour à la régularité. — Exemple. — Règle à suivre pour la création d'une sous-race n'exigeant qu'une très petite dose de sang.

Création du trotteur. — Procédé généralement usité. — L'origine n'est pas assez étudiée au point de vue de la dose de sang à maintenir dans le produit. — On ne voit que les performances des ascendants. — Le brillant des performances aveugle encore l'éleveur au point de lui faire négliger l'étude de la convenance des conformations. — C'est par le sang, et le plus de sang possible, que l'on arrivera au plus éminent résultat. — Le cheval de pur sang harmonieux et bien équilibré est aussi apte au trot que tout cheval de demi-sang. — Avec le bon emploi du sang on obtiendra dans chaque contrée ce qu'elle peut faire de mieux; l'étalon de pur sang doit être convenablement approprié. — Méthode que doit suivre l'éleveur; choix de l'étalon, — choix de la poulinière. — Type poulinière trotteuse. — C'est par les croisements répétés avec le sang que l'éleveur obtiendra ce type. — Modèle de l'étalon à employer; — choix de l'étalon pour les générations suivantes.

2ᵉ procédé pour faire le trotteur. — Le croisement dit à l'envers. Choix de l'étalon; progression à suivre.

DÉFINITION.

Le croisement a lieu par l'introduction d'une race étrangère au pays. Dans l'acception du mot, le cheval de pur sang n'est pas plus un élément de croisement que toute autre race, mais c'est, et c'est là ce qui n'appartient qu'à lui seul, un élément de régénération.

Le croisement par le cheval de pur sang, et suivant l'opportunité par ses dérivés, produit des effets plus prompts que l'accouplement par sélection dans les races usuelles. C'est un fait acquis à la science et confirmé par l'expérience de plusieurs siècles, partout où il y a de bonnes races de chevaux. C'est à ce procédé que les Anglais doivent leurs excellentes races usuelles. C'est ce même procédé qui avait créé les races limousine, navarrine, auvergnate, etc.; mais il faut que le croisement soit continué avec suite et aussi longtemps qu'il est nécessaire pour arriver à la création de la sous-race que l'on veut former.

En principe, l'étalon de croisement doit être de pur sang anglais, arabe, anglo-arabe, ou aussi près que possible du sang, lorsque l'on a en vue la création d'une sous-race. Mais dans le cas où l'on a besoin d'un type améliorateur pour les races inférieures, lorsque l'on ne peut trouver chez elles l'étalon convenable pour les améliorer par la sélection, on opère encore le croisement au moyen de métis, produits de croisements successifs, et possédant les caractères fixes d'une race locale de demi-sang. Cependant si le choix de ces étalons, déterminé par les causes que nous avons mentionnées, prévaut dans certains cas sur le principe, le principe n'en est pas moins certain, à savoir : que l'amélioration ne doit être tentée que par l'emploi direct du sang agissant sur les meilleures juments indigènes. Ces juments auront dû être amenées à la régularité par la sélection et non par l'emploi des métis étrangers qui apportent toujours la confusion dans le sang et souvent des vices de conformation enracinés par hérédité et consanguinité. Quoi qu'il en soit, si l'on se sert de métis non indigènes pour opérer le croisement, leur sang devra être aussi simple que possible (ax. 2); un sang trop mélangé ne pourrait apporter que confusion et peu de force prédominante sur la race à améliorer, si surtout elle était ancienne.

Il n'est pas nécessaire que l'étalon de pur sang employé pour les croisements soit un grand vainqueur, mais il est indispensable qu'il soit ample, puissant et net dans sa structure. S'il s'agit d'un cheval de demi-sang, il doit avoir fourni ses preuves dans les épreuves spéciales à ces chevaux.

LE CROISEMENT DIT A L'ENVERS.

Le croisement s'opère presque toujours par l'importation du mâle de la race qui doit servir au perfectionnement. Il s'opère quelquefois par les femelles, et c'est ce que l'on appelle le croisement à l'envers, terme inexact, car le croisement a toujours lieu par le même principe de deux races étrangères unies entre elles. Ce terme est inexact par rapport à la définition du croisement, puisque, nous l'avons dit, le cheval de pur sang n'est pas plus un élément de croisement qu'un cheval de toute autre race, bien qu'il soit un élément de régénération. — Dans le cas de croisement dit à l'envers, la jument apporte l'élément de régénération, mais l'élément de croisement est en même temps fourni par l'étalon. Quoi qu'il en soit, ce terme est consacré par l'usage, nous le conserverons.

Ce croisement à l'envers est plus rare que l'autre. Cela tient à la prédominance du mâle dans les produits de la conception. Elle est, en effet, de trente à quarante et même plus contre la seule influence d'unité numérique représentée par la femelle. Aussi est-ce par l'influence de l'étalon que l'on peut agir profondément dans les masses, tandis que le croisement à l'envers ne peut avoir lieu que sur une petite échelle.

Ce procédé est néanmoins excellent pour utiliser une foule de juments de pur sang que le manque de vitesse fait exclure de la production du cheval de pur sang. — Un tel croisement fait dans les conditions d'appareillements bien étudiés promet les meilleurs résultats, non seulement pour la production du cheval de service usuel, mais pour toute autre spécialité, — par exemple, le trotteur actuellement si recherché, et l'étalon surtout, par le moyen duquel l'influence de ce croisement aura aussi son action générale sur l'amélioration des masses.

Lorsque l'éleveur s'est décidé à recourir au croisement, quel qu'il soit, il faut qu'il adopte la méthode d'un régime supérieur comme soins, comme alimentation, comme élevage. C'est par un régime approprié aux nouveaux caractères que l'on veut créer que l'on obtiendra des croisements tout le résultat que l'on en peut attendre.

C'est par les croisements et l'emploi bien étudié du sang que l'éleveur peut agir en vue de créer une spécialité ou une famille de trotteurs, de chevaux de chasse, de carrosse, en cherchant à faire un type qu'il se sera proposé de faire.

Par les croisements on agira aussi sur l'amélioration d'ensemble, en étendant à toute une contrée la recherche de la spécialité qu'elle peut produire. — Par exemple, on peut, en se plaçant de haut, chercher à créer le cheval à deux fins dans toute une région, sans entraver pour cela, mais en la favorisant au contraire, la production des spécialités d'aptitude de trotteurs ou de chevaux de luxe qui deviendront comme un but d'émulation pour le reste de l'élevage et l'indication du point de perfection à atteindre dans la spécialité du cheval à deux fins, perfection vers laquelle des éleveurs isolés peuvent tendre longtemps avant que l'ensemble de l'élevage y soit arrivé. J'ai déjà parlé de la Manche, en mentionnant les progrès que l'on peut obtenir par la persévérance dans l'application d'une idée bien conçue. On peut faire de même, sinon partout, car il faut tenir compte du sol et du climat, mais on peut, dans chaque grande région, arriver par les mêmes moyens à la perfection de ce que peut produire la contrée.

Comment a-t-on procédé dans la Manche?

La Manche possédait, malgré l'homogénéité apparente de son élevage, plusieurs familles locales distinctes comme taille, comme vivacité, comme allures, mais offrant un aspect général du cheval de trait léger, employé aux travaux de culture, fournissant le cheval de diligence, d'artillerie, de selle, et le bon troupier. C'était un bon ensemble, mais il s'élevait très peu d'exceptions au-dessus de ce niveau. Aujourd'hui, grâce aux travaux des directeurs du haras de Saint-Lô, qui se sont succédé en poursuivant la même idée, la Manche, contrée qui fait surtout naître, fournit l'excellent cheval à deux fins et le trotteur de premier ordre ; elle vend aux contrées d'élevage les poulains de premier choix qui doivent faire un jour l'étalon, le cheval de carrière, le cheval d'officier et le cheval de luxe. — C'est que MM. de La Roque, Dupont, Dutaya, Froidevaux, qui ont successivement, depuis quarante ans, dirigé l'élevage de cette contrée, ont appliqué aux croisements les idées que nous avons émises sur l'appareillement des races pures. Ces hommes utiles, dont le passage aura marqué si heureusement à Saint-Lô, n'ont procédé par aucun brusque changement. L'ensemble des étalons a toujours été choisi de manière à convenir individuellement aux localités où ils devaient être employés, à maintenir les qualités communes à la race : poitrine puissante, arrière-main développée, charpente large ; tout en corrigeant peu à peu le défaut de développement de l'avant-main. — A mesure que les qualités obtenues et confirmées ont permis le croisement direct, on s'est graduellement avancé dans le sang et l'on a ainsi obtenu les meilleurs résultats. — On a créé des primes et des courses pour les pouliches ; on a stimulé l'émulation chez l'éleveur qui a gardé ses meilleures pouliches dont la production a bientôt fait la réputation et la richesse hippique du pays. — De cette sorte, tout a marché de front : amélioration de la race en général, progrès de l'élevage, émulation des éleveurs, création de trotteurs.

Cet exemple ne saurait trop être proposé à ceux qui s'occupent de progrès et d'amélioration des races. Il faut un plan étudié et bien conçu, mais il faut aussi le temps et la persévérance.

Ainsi donc, en général, on ne doit opérer les croisements avec le sang pur que sur des sujets au moins réguliers de conformation et, dans ce cas, on s'attachera à conserver les beautés déjà acquises à la race que l'on veut améliorer, tout en cherchant à les améliorer encore et à remplacer les défauts par des beautés. Mais, règle absolue, on s'efforcera de ramener à la régularité, dans ses produits, toute conformation de poulinière qui serait le résultat décousu ou plus ou moins manqué d'un croisement ou d'un métissage, sans se préoccuper alors du maintien absolu des beautés acquises; ce qui pourrait souvent entraver le résultat cherché, — le retour à la charpente régulière.

Ainsi, par exemple, étant donnée une jument issue d'une jument déjà améliorée et d'un cheval de pur sang. — Cette jument a de la distinction, de la physionomie, mais elle est légère, enlevée et plate. — L'intérêt de l'éleveur sera évidemment d'obtenir d'elle des produits réguliers, amples, près de terre et bien membrés. S'il voulait en même temps conserver la distinction et la physionomie de la mère, il risquerait beaucoup d'échouer. S'il emploie un cheval de pur sang, ou très près du sang, il conservera la distinction, et en admettant que l'appareillement ait été bien fait, il corrigera peut-être quelque défaut de détail, mais la correction de l'ensemble ne sera pas faite, et le produit pourra bien être encore plat, léger, enlevé, décousu, c'est-à-dire réunissant des beautés mal reliées entre elles, mal équilibrées.

Mais si l'éleveur s'est bien défini le but qu'il se propose : obtenir un produit régulier qui réunisse sans à-coups, non pas des beautés absolues, mais des formes qui s'accordent à faire un tout dans lequel aucune région d'ensemble ne l'emportera d'une manière marquée sur une autre, il choisira dans l'étalon un heureux contraste au moyen duquel les beautés de sa jument pourront être utilisées, tout en amoindrissant ses défauts dans son produit. Il aura choisi un cheval de moins de sang, s'il le faut, mais absolument régulier, régulier même aux dépens de la distinction; d'une taille en rapport avec celle de la jument, c'est-à-dire égale ou un peu plus petite. De cette façon et sur ce premier point, il pourra espérer un résultat dont la moyenne représentera la distinction de la mère et la régularité du père. L'éleveur pourra ensuite revenir au sang sur ce produit si c'est une pouliche, ou continuer de bons métissages, suivant le mieux de ses intérêts.

Ainsi, pour utiliser à la production une jument décousue, le point essentiel est de choisir l'étalon apportant le plus grand contraste à cet ensemble sans homogénéité Dans ce cas, on ne doit s'attacher qu'à ce point, sans se préoccuper de la conservation des beautés déjà acquises chez la jument, la distinction par exemple, ou bien quelque beauté de détail. Ce n'est que lorsque l'on en est arrivé à la régularité dans l'ensemble, que l'on peut viser à la perfection en fixant alors chaque conquête que l'on a faite dans ce sens, par le soin scrupuleux que l'on apportera à trouver la même beauté chez l'étalon.

RÈGLE A SUIVRE POUR LA CRÉATION DE SOUS-RACES N'EXIGEANT QU'UNE TRÈS PETITE DOSE DE SANG.

Dans certains cas de croisements, lorsque la sous-race que l'on voudrait obtenir ne doit avoir qu'une légère dose de sang, et qu'il est alors nécessaire de faire retour à l'étalon commun, on aura dû, comme dans la sélection pour les races pures, noter la conformation du premier étalon employé, afin de rechercher une semblable conformation, ou aussi semblable que possible (abstraction faite du volume et des traits physionomiques). Lorsque l'on agira sur le produit femelle de ce premier croisement, on aura dû de même noter la conformation de la jument. Par exemple, une jument percheronne à tête forte, encolure courte, bon dessus, croupe très avalée, membres fournis, est accouplée à un cheval arabe qui est, je suppose, sous un volume réduit le portrait d'un bon percheron. Il a la tête arabe, l'encolure bien sortie, l'épaule très belle, le dessus un peu long, mais soutenu, la hanche presque droite, de bons jarrets, de bons membres, une charpente osseuse très forte. Le produit, si c'est une pouliche, ne sera évidemment que le point intermédiaire entre le point de départ et le but. C'est sur cette pouliche que l'on devra encore agir pour arriver au résultat. Or, si elle a, elle aussi, encore la croupe avalée et la grosse tête d'un percheron commun, comme il sera cependant nécessaire de l'accoupler avec un percheron pour revenir au volume et au calme indispensables aux races de trait, si cet étalon percheron n'est pas bien choisi, s'il a les défauts de la première poulinière, l'éleveur pourra bien avoir en partie perdu son temps, faute d'avoir étudié l'appareillement. Si, au contraire, l'étalon percheron est bien choisi, si avec le type de sa race il a une bonne tête, l'encolure bien placée, la croupe large et bien dirigée, l'éleveur aura beaucoup de chances d'obtenir un excellent produit représentant le type perfectionné du cheval de trait.

CRÉATION DU TROTTEUR.

En faisant le trotteur, que veut l'éleveur? un produit qui trotte vite, voilà le but. — Pour y arriver, que fait-il la plupart du temps? — Il faut bien l'avouer, il procède comme il a été dit pour le cheval de pur sang. Il a une jument qui a couru, qui a gagné, et il ne s'occupe plus que de l'accoupler avec un étalon en grand renom, sans s'inquiéter de la convenance du sang, de la quantité de sang qu'il faut, ni même de la convenance des conformations.

Cependant l'accouplement de deux demi-sang trotteurs ne donnera pas toujours un produit semblable à eux, parce qu'ils ne lui auront pas transmis la même quantité de sang qu'ils avaient eux-mêmes reçue; parce que, étant plus ou moins anciens dans leur aptitude due au sang, ils tendront plus ou moins à retourner en arrière et à faire commun. Le premier produit pourra encore être très vite, mais il s'éloignera déjà de la qualité de trempe et de résistance qu'avaient ses auteurs; ainsi, par exemple, une jument très bonne trotteuse, fille d'une mère un peu commune et d'un cheval de pur sang,

$$\left.\begin{array}{l}\text{Représente par son père } 50 \\ \quad— \quad \text{ par sa mère } 25\end{array}\right\} 75 \text{ pour 100 de sang;}$$

elle est accouplée à un très bon trotteur de demi-sang. Celui-ci n'est pas non plus un résultat confirmé, et quoique assez près du sang ne se rattache point au sang pur ni par son père, ni par sa mère. Il a, je suppose, 60 pour 100 de sang, le produit de cet étalon avec la jument ci-dessus n'aura donc plus que 67 pour 100 de sang, ce qui l'éloigne déjà du sang de la mère par ces combinaisons d'origine; mais si l'on considère en outre que le commun de l'origine de la poulinière et de l'étalon a une très grande tendance à reparaître, que l'influence du milieu a également son action très sensible sur le retour au type local, on conclura que le sang n'est guère plus représenté dans le produit que par 60 tout au plus, s'éloignant ainsi de 15 pour 100 du degré d'origine de la mère. Ce degré de sang suffit encore pour faire le bon trotteur, mais c'est à ce point qu'il faut être surtout attentif au choix de l'étalon, si l'on veut éviter les trop fréquentes déceptions.

Souvent encore la convenance des conformations n'a même pas été étudiée; on a recherché les performances, cela suffit, croit-on; cela réussit même quelquefois, parce qu'à l'insu de l'éleveur, un heureux concours de circonstances a réuni les conditions favorables.

C'est en employant le sang, et le plus de sang possible, dans la famille, dans l'espèce indigène, que l'on arrivera au bon résultat. C'est ainsi que toutes les races célèbres ont été créées : les races limousine, navarrine, etc.; c'est ainsi que les races américaines et Orloff ont été faites; c'est ainsi que les meilleurs trotteurs ont été produits en France et en Angleterre, car le cheval de pur sang possède cette puissance occulte d'intensité d'action qu'il transmet à ses descendants et que l'éleveur peut utiliser pour le trot comme pour le galop. Ce n'est plus qu'une question d'éducation, de dressage et d'entraînement. Je dirai plus, c'est que le cheval de sang harmonieux et bien équilibré est aussi apte au trot que tout cheval de demi-sang : Ramsay, Faust, etc., l'ont bien démontré. C'est d'ailleurs l'opinion des Américains, et Mambrino apporte une preuve sans réplique (voir pl. XXXIV *bis* et la notice).

Si cet emploi du sang est réglé et suivi avec une application soutenue, on fera dans chaque contrée ce qu'elle peut faire de meilleur, quelle que soit la variété que l'on cherche. Par exemple, pour faire en Normandie des trotteurs aussi vites que les américains, il n'est pas besoin d'aller chercher des trotteurs américains, il faut au moyen des courses chercher dans le type indigène ceux des individus qui se rapprochent le plus de la spécialité des trotteurs; on les multipliera entre eux en les activant par le sang, et les trotteurs viendront en même temps que la race se confirmera. Les Américains n'ont pas fait autrement, et les mêmes causes produisent toujours les même effets. Les Américains en sont arrivés, en activant leurs trotteurs par le sang, à avoir des trotteurs presque de pur sang. Ce sont les plus vites et les plus résistants attelés et montés.

La race Orloff a été faite de même; elle est d'autant plus vite et d'autant plus résistante qu'elle accuse un plus grand cachet d'origine, car il est certain qu'elle a été maintes fois ravivée par le sang; et, comme il arrive pour la race américaine, ses meilleurs représentants sont ceux chez lesquels le commun de l'origine, dû aux races importées du Nord et sur lesquelles ont eu lieu les premiers croisements, est le plus complètement effacé.

Mais il faut que l'étalon de pur sang soit convenablement approprié. Car en disant que c'est au moyen du sang que l'on obtiendra toute spécialité que l'on voudra, je n'entends certes pas dire que tout étalon de pur sang convienne. C'est en vue de son emploi avec les races usuelles qu'il est surtout nécessaire de rechercher l'étalon de pur sang harmonieux et bien équilibré. Lorsqu'il ne s'agit que de la vitesse au galop, la longueur générale du corps et des rayons, la faculté inhérente à la race et cultivée de tout temps, la recherche des meilleures familles peuvent créer des compensations et suppléer à l'insuffisance de l'ensemble; mais pour les races usuelles, ces compensations ne peuvent exister et le décousu est toujours à redouter, sous quelque forme qu'il se présente.

MÉTHODE
QUE DOIT SUIVRE L'ÉLEVEUR DANS LE CHOIX DE L'ÉTALON.

Ainsi donc, c'est par le sang dans un étalon harmonieux et net que l'éleveur procédera s'il veut produire le trotteur. Pour nous guider dans ce choix, nous suivrons les indications déjà données à ce sujet en traitant des races pures. Il choisira en même temps, dans quelque pays d'élevage qu'il se trouve, les juments qui se rapprocheront le plus de la spécialité qu'il veut créer et il poursuivra successivement le croisement jusqu'à ce qu'il en soit arrivé à la création de la belle poulinière trotteuse; il y arrivera d'autant plus promptement qu'il sera établi dans un pays où les races étant assez fortes auront déjà reçu un certain degré d'amélioration dans le sang. Cette poulinière type trotteuse sera, je suppose, une jument de $1^m,60$ de trois quarts de sang, d'une charpente ample, longue par ses rayons articulaires suffisamment inclinés; elle sera souple et solide dans ses attaches, les genoux et les jarrets près de terre appuyés sur de bons aplombs. Elle aura trotté en sept minutes au moins sur la distance de 4,000 mètres. Elle peut dans ces conditions se présenter sous des aspects bien nuancés; par exemple : *Modestie, Lycopode, Hersilie, Miss Pierce,* etc.

Cependant il serait bien important pour l'éleveur de posséder un certain nombre de poulinières d'un même ensemble de formes et de qualités, afin de ne plus rien donner au hasard de recherches incessantes qui peuvent toujours créer des défauts et amoindrir les qualités, lorsque l'on est sans cesse occupé de réunir des oppositions pour obtenir une moyenne dont le résultat est loin d'être toujours favorable.

Pour arriver à cet ensemble de bonnes poulinières, base de la réussite dans l'élevage, le point de départ sera, nous l'avons dit, d'une part la meilleure jument indigène, d'autre part l'étalon de pur sang bien choisi; avec l'ampleur de la charpente, il aura la longueur et l'inclinaison des rayons, la souplesse et la force des attaches, les genoux et les jarrets près de terre et de bons aplombs; la côte un peu ronde, le poitrail relativement un peu large et les coudes bien détachés. Ce dernier point est très important, surtout pour un père de trotteurs. Les allures seront bonnes, les épaules jouant bien librement, l'arrière-main ayant une grande force d'impulsion.

Nous avons déjà analysé quelques types de trotteurs, et nous avons établi que les lois génératrices de la vitesse sont les mêmes pour cette catégorie d'aptitude que pour le galop. Il suffit de diriger l'aptitude à la vitesse dans un sens ou dans l'autre : tout est là; un cheval de pur sang bien conformé, s'il y était destiné, serait aussi vite au trot qu'un trotteur des meilleures familles, cela a été bien souvent prouvé. Mais le trotteur, quelque bien conformé qu'il soit, s'il n'est pas de pur sang, ne pourrait être aussi vite que ce dernier au galop. Telle est la supériorité du cheval de pur sang; il a sa vitesse qui lui est propre et lui seul la possède; il a le principe de toute aptitude, et ce principe peut être développé en lui comme en ses descendants, à qui il le donne par hérédité.

Comme origine et performances, il n'est pas indispensable que l'étalon choisi soit un grand vainqueur aux courses; il suffit qu'il ait honorablement couru et qu'il soit fortement trempé. Le premier produit pourra bien n'être pas excellent, s'il y a surtout une grande différence entre la poulinière et l'étalon. J'admets cependant que l'on aura agi sur une bête régulière, ayant des allures sinon vites, du moins hautes et régulières; sans cela, nous l'avons répété à satiété, il n'y a rien de bon à attendre des croisements. Mais ce premier produit pourra aussi, et cela se voit fréquemment, être de premier mérite.

Dans le premier cas, si c'est un mâle, il sera livré au commerce; si c'est une pouliche, et si sa médiocrité vient de ce que les qualités d'allures de la mère, tout en se maintenant bonnes, n'ont pas encore reçu un degré d'activité suffisant, on emploiera encore avec elle l'étalon de pur sang en prenant le soin extrême de trouver un étalon ressemblant le plus possible au premier que l'on aura employé (comme lignes et ensembles, questions de volume et de physionomie à part). Pour réussir dans cette recherche, il faut avoir fait une étude très appliquée de la connaissance du cheval par les ensembles; c'est pourquoi nous avons insisté dans ce travail, par de nombreux exemples, sur la nécessité de posséder cette connaissance avant de s'occuper de la reproduction et de l'amélioration des races.

Mais si le produit est médiocre, parce que sans avoir plus de vitesse les allures sont moins hautes, plus gênées que chez la mère, c'est qu'il y a un vice dans le choix de l'étalon. L'appareillement n'a pas été bien fait et il devient nécessaire de recourir à une autre individualité pure que, cette fois, l'on étudiera mieux, et qui donnera enfin le résultat cherché, si le choix a été bien arrêté.

Mais si le même produit est très bon et si c'est une pouliche, on l'accouplera encore avec l'étalon de pur sang. — En effet, un premier croisement ne suffit pas pour confirmer la spécialité. Si au lieu de l'étalon pur on emploie un cheval de demi-sang, fût-il trotteur confirmé, on ne devra pas attendre au delà de la seconde génération pour revenir au pur sang, si l'on veut arriver au plus haut degré de vitesse. Sans ce retour au sang, l'origine commune ayant toujours une tendance à reparaître, les produits de la troisième et de la quatrième génération retourneront promptement en arrière. Tandis que par le retour au sang, *s'il est bien fait,* et cela n'est plus difficile, nous l'espérons, si l'on nous a suivi attentivement jusqu'ici, l'éleveur fixera pour longtemps la qualité. Mais, dira-t-on, la taille diminuera? Cette crainte ne peut être fondée si l'on a observé les précautions préalables que nous avons indiquées, de prendre pour point de départ la jument régulière et déjà améliorée de la taille environ du résultat définitif que l'on cherche. Que l'on nourrisse bien ensuite, et le volume, s'il fait un peu défaut à la première génération, reparaîtra assurément à la suivante.

Lorsque la bonne poulinière trotteuse sera de temps à autre accouplée au trotteur de demi-sang, ce trotteur devra être choisi avec le plus grand soin; et, si l'éleveur est soucieux de conserver la race qu'il aura formée, il s'attachera à ne le prendre que dans le modèle qui offrira les grands traits d'ensemble qu'il a fixés dans ses juments. La même préoccupation se présentera lorsqu'il croira devoir revenir au pur sang, ce qu'il ne saurait trop faire lorsqu'il rencontrera l'étalon possédant au mieux les qualités qu'il recherche.

On usera de même des croisements pour toutes les spécialités que l'on voudra obtenir; mais avant tout, quelle que soit cette spécialité, la poulinière aura été régularisée soit par la sélection, soit par l'emploi d'étalons déjà améliorés dans l'espèce indigène, avant d'être croisée avec le pur sang qui, en principe, ne doit être employé que sur une charpente régulière. — On évitera ainsi ces produits décousus qui font le désespoir de l'éleveur, qui éloignent de l'emploi du pur sang et sur lesquels il est nécessaire de faire un retour au commun pour retrouver l'ampleur et l'équilibre dans l'ensemble que l'on aurait dû préalablement chercher.

Nous avons d'ailleurs traité ce sujet en nous occupant des croisements avec les races usuelles.

DEUXIÈME PROCÉDÉ POUR FAIRE LE TROTTEUR.
LE CROISEMENT A L'ENVERS.

Il me reste à compléter ce que j'ai déjà dit sur un autre procédé de croisement, à la portée de tout éleveur, pour créer surtout la spécialité du trotteur ou du cheval de chasse : je veux parler du croisement à l'envers. — Nous avons déjà dit que cette expression était inexacte. Les races de pur sang, qu'elle semblerait faire considérer comme le seul élément de croisement, ne le sont pas plus que toute autre race. Le cheval pur est un élément d'amélioration, de reconstitution des races ;

c'est là sa supériorité. Mais le croisement a toujours lieu lorsque deux sujets de races étrangères entre elles, quelles qu'elles soient, sont accouplés. Cette expression de croisement à l'envers n'exprime donc pas une idée juste, quoiqu'elle soit consacrée par l'usage, qui nous force de la maintenir.

Ainsi que nous venons de le voir, l'éleveur pourra se créer une race à lui, ayant un cachet, un type propre, en employant avec discernement l'étalon de pur sang et la jument indigène; mais il le pourra encore, et peut-être mieux, en agissant sur la jument de pur sang prise pour point de départ comme poulinière.

En effet, pour produire une spécialité, il faut nécessairement que l'un des deux éléments de la production, l'étalon ou la poulinière, possède à un haut degré la faculté de cette spécialité. Il faut en outre que cette spécialité soit trempée dans le sang pour avoir la fixité et l'intensité désirables, si l'on poursuit un but élevé. — Si donc on procède par la poulinière trotteuse pour la spécialité et par l'étalon de pur sang pour la trempe, il faut supposer que l'on pourra réunir une dizaine de juments trotteuses de grand ordre et, en outre, que ces poulinières offriront un aspect assez homogène pour qu'il ne soit nécessaire d'employer avec elles qu'un ou deux modèles d'étalons. Sans cela, le croisement deviendra d'autant plus difficile à faire et plus douteux dans ses effets, que le modèle étalon de grand ordre est difficile à trouver en nombre. On aurait donc des difficultés presque insurmontables pour arriver à un résultat d'ensemble.

Définissons ce but d'ensemble dans le cas spécial qui nous occupe : *créer une famille de trotteurs qui sera presque de pur sang, avec le gros et l'ampleur du beau cheval à deux fins.*

(Il ne faut pas perdre de vue que l'élevage du trotteur laisse plus longtemps ce cheval que le cheval de pur sang en contact avec les influences naturelles de sol et de climat; que, d'autre part, l'entraînement du trotteur est ou doit être bien différent de celui du cheval de pur sang. On doit en effet calmer son irritabilité, s'attacher à lui donner le calme exigé pour la régularité de l'allure, et à cette fin ne point user des suées et d'aucune méthode surexcitant le système nerveux, etc. — Toute cette éducation spéciale dont on n'a pas une idée bien nette en France, et qui est cause que le cheval de sang est peu recherché pour le trot ou souvent manqué durant son entraînement en raison de son irritabilité, donnera à notre famille trotteuse de sept huitièmes de sang, après quelques générations, la taille, l'ampleur et le calme du bon cheval à deux fins qui, avec une telle trempe puisée dans le sang pur, serait le vrai type du beau dans sa spécialité.)

Au contraire, en prenant la poulinière de pur sang pour fixer la trempe, on n'aura plus qu'à choisir la conformation convenable en suivant les indications que nous avons étudiées avec soin. — Ce sera alors l'étalon qui apportera la faculté éprouvée de la spécialité ; il suffira d'un ou deux modèles pour appareiller les juments, qui devront avoir un certain ensemble de direction des rayons et de force de charpente. Ce choix des juments est encore assez difficile à faire, mais il est plus facile cependant que s'il fallait y joindre, comme dans le premier cas, l'autre condition d'avoir été des trotteuses de grand ordre.

Ainsi donc, toute jument de pur sang ne peut pas toujours être, par ce motif qu'elle est de pur sang, un excellent point de départ. Il faut encore qu'elle soit de bonne conformation, et plus elle sera régulière, nette, ample, plus on arrivera promptement au résultat.

L'étalon qui sera le premier modèle de la forme que l'éleveur veut fixer et améliorer dans la race qu'il désire créer, devra avoir le plus de sang possible, avec le volume et la taille propres aux chevaux de service à deux fins. Si l'on vise à un grand résultat de vitesse, il sera de trois quarts de sang ; le type Niger, par exemple, ou le type Phaéton. L'un et l'autre, quoiqu'ils ne soient pas exempts de défauts, peuvent bien donner l'idée de deux superbes familles à créer sur des modèles bien différents : l'un très vite, puissant, harmonieux, près de terre, un peu rond et trop noyé dans ses lignes, de petite taille, Niger ; — l'autre très vite aussi, mais grand, très élégant, d'une beauté rare comme cheval à deux fins, quoique un peu loin de terre, irrégulier dans ses aplombs, défectueux dans son épaule. — Ou tout autre type que l'on préférera.

Ce modèle étant choisi, on le donnera aux juments de pur sang. — Dès ce moment, l'éleveur aura soin de tracer les grands traits d'ensemble qui lui servent de point de départ, aussi bien jument qu'étalon, et de même à chaque génération nouvelle, afin de ne s'en point rapporter seulement à sa mémoire lorsqu'il aura à employer un deuxième ou un troisième étalon sur les produits qu'il obtiendra de ses premières poulinières, de leurs filles, de leurs petites-filles. Il constatera ainsi sûrement les progrès qu'il fait vers l'amélioration qu'il poursuit, vers le but qu'il s'est fixé. Il s'assurera de cette sorte les moyens de ne pas faire fausse route. A cet effet, il tracera lui-même ces lignes principales, suivant notre indication, en y ajoutant les annotations nécessaires pour qu'il soit toujours assuré d'avoir un guide certain dans ses recherches persévérantes. — Par exemple, s'il a choisi *Niger*, il peut, sans le secours du dessin, retracer les lignes dont il doit garder la mémoire, et il aura, d'après ces lignes, des indications aussi justes qu'avec le dessin, qui n'est qu'un agrément pour l'œil.

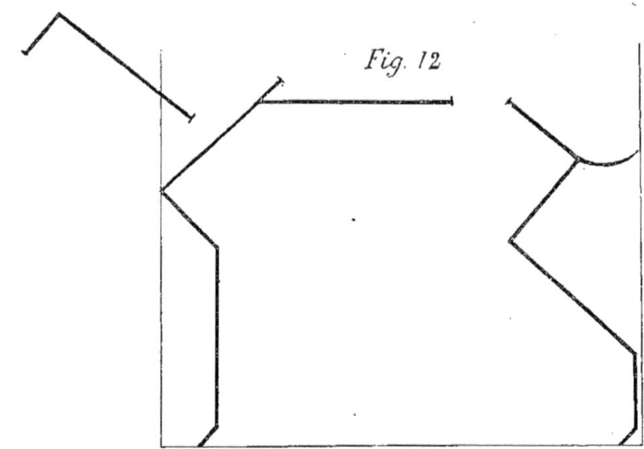

Avec ces simples lignes annotées, on aura toujours présent à la mémoire le modèle à rechercher pour les appareillements suivants.

Notes : *Niger*, — taille; signal; performances.

Analyse : — Tête longue, un peu busquée.

Encolure longue ; épaule très longue descendant au-dessous du genou, jarrets près de terre.

Corps un peu plus long que l'épaule et paraissant trop long, parce que l'épaule est un peu en avant. Dos mou, mais dessus large et musclé. Croupe ronde, pas tout à fait assez ample, mais puissamment musclée; hanches inclinées à 45°, mais trop courtes, etc.

Avec ces indications, il sera facile de s'appliquer à maintenir les beautés et à corriger peu à peu les défauts. En recherchant toujours persévéramment sur ces indications la ressemblance du premier modèle, en poursuivant son amélioration, on obtiendra bientôt avec les filles et les petites-filles des juments pures un ensemble d'excellentes poulinières à caractères fixes, maintenus par des appareillements toujours étudiés, qui conserveront la race dans un haut degré de sang si l'on emploie de temps à autre l'étalon de pur sang, lorsque le modèle convenable se présentera.

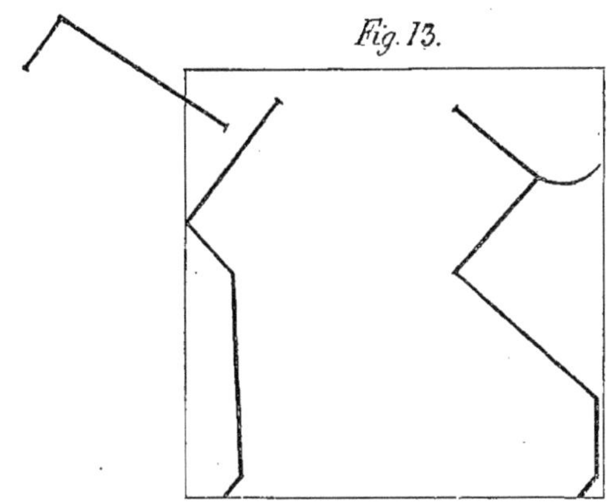

Si l'éleveur a choisi *Phaéton,* il procédera de même.

Origine, nom, performances, taille, etc.

Notes : Très belle tête, expressive; encolure gracieuse et distinguée; épaule ronde, courte; garrot trop en avant, très bon dessus musclé; reins puissants; croupe distinguée, puissamment musclée; très bonne inclinaison des rayons.

Membres un peu grêles, aplombs défectueux, cuisses grêles, jarrets clos et éparvins très forts.

Toute la force est dans l'arrière-main; l'épaule courte et grosse se meut difficilement, d'où il résultait qu'en course il s'atteignait fréquemment et perdait un temps considérable; il eût été sans cela d'une vitesse hors ligne.

Avec *Phaéton* on utilisera le sang très précieux de *The heir of Linne;* on cherchera à garder le cachet de distinction qui est le propre de cet étalon, on s'attachera avant tout à corriger l'épaule et à conserver la force d'arrière-main, etc.

C'est ainsi qu'un grand éleveur pourrait créer une race avec un cachet qui serait son œuvre. Mais ces efforts ont-ils jamais été tentés avec suite? Je ne connais que la création de la race Orloff qui indique un but suivi dans ce sens. On parle aussi de la famille des *Naragansetts* et des *Morgan* en Amérique. Chez nous, on fait des trotteurs, mais de tous les types, sans air de famille, parce que personne ne poursuit un but d'ensemble; on citera peut-être un grand éleveur que l'industrie de l'élevage perdit dernièrement. Je rends hommage à son rare mérite, je l'appellerai même le bienfaiteur de l'élevage, tellement son influence fut considérable dans les progrès faits par cette industrie. — Mais a-t-il créé une race de trotteurs? quel cachet de famille avait cette race? Elle offrait tous les types, tous les degrés de sang; de brillantes individualités, aucun ensemble. D'ailleurs, qu'en est-il resté? rien; et il en eût été autrement, *si un plan basé sur le sang et l'étude logique des appareillements eût été suivi.*

C'est cette étude que j'ai ébauchée, car il faudrait des volumes pour entrer dans les détails que la pratique révèle. Cependant j'ai la pensée d'avoir indiqué une nouvelle voie en plus d'un point, en simplifiant surtout et en indiquant une méthode, basée sur des principes définis, pour la recherche de la convenance des conformations dans les appareillements.

A. Quantin imprimeur, r. S. Benoit, 7. à Paris